储层深部调驱技术与提高采收率机理

■ 陈 鑫 刘 顺 刘建斌◎著

中国石化出版社
·北京·

图书在版编目（CIP）数据

储层深部调驱技术与提高采收率机理／陈鑫，刘顺，刘建斌著.—北京：中国石化出版社，2024. — ISBN 978-7-5114-7624-1

Ⅰ. TE32

中国国家版本馆 CIP 数据核字第 2024VX5418 号

中国石化出版社出版发行

地址:北京市东城区安定门外大街 58 号

邮编:100011　电话:(010)57512500

发行部电话:(010)57512575

http://www.sinopec-press.com

E-mail:press@ sinopec.com

北京鑫益晖印刷有限公司印刷

全国各地新华书店经销

*

710 毫米×1000 毫米 16 开本 9.75 印张 180 千字

2024 年 9 月第 1 版　2024 年 9 月第 1 次印刷

定价:58.00 元

前 言

    储层深部调驱是大幅提高注气/注水/注聚采收率、保障我国东部老油田可持续发展和资源利用的重要途径。弹性颗粒、泡沫体系以及乳状液体系具有良好的孔喉变形能力，是具有可观经济效益的储层深部调驱技术体系。然而此类固-液/气-液分散流体渗流规律复杂，如何实现其与储层的有效匹配、充分发挥体系调驱性能是学术研究与矿场应用面临的一大难题，对非均相类调驱体系的矿场推广应用具有重要意义。

    本书针对疏水缔合聚合物(IAM)、聚合物微球(MG)、预交联凝胶颗粒(PPG)、CO_2泡沫(EFS 泡沫)、O/W 乳状液等主流调驱技术，从调驱体系性能评价、储层运移封堵模型建立以及调驱作用效果等方面开展研究，建立储层深部调驱技术的评价和应用方法。首先，笔者基于储层窜流现象和治理方法现状提出了目前深部调驱面临的技术问题；其次，先后对 IAM、MG 以及 PPG 的静态性能进行了评价，形成了系统的颗粒类调驱体系评价方法和流程；建立了基于 Logic 曲线的 IAM 储层匹配模型和基于 Hertz 弹性接触理论的 MG 多孔介质运移封堵模型，同时采用细管模型研究了 PPG 与储层的匹配关系，通过并联岩心驱替明确了 IAM 和 MG 的储层适应性；通过微流控实验揭示 IAM 和 MG 扩大波及体积的调驱机理；构建了耐高温的 CO_2 发泡体系，评价了泡沫调驱辅助 CO_2 驱油与埋存一体化技术的作用效果，并定量劈分了不同封存机理的贡献率；最后，基于乳液粒径对其流动压力的影响规律，构建了不同粒径的 O/W 乳液，并通过岩心驱替实验对其增阻效果和调驱作用进行研究。本书对目前主流的深部调驱技术进行了系统的室内实验评价研究，相关成果在理论和实践上均对储层深部调驱技术的矿场应用具有积极的指导意义。

本书由陈鑫负责总体内容的架构，具体内容包括：第 1 章，综述国内外研究现状和存在问题；第 2 章，评价了疏水缔合聚合物的静态性能，建立了疏水缔合聚合物储层运移封堵模型，明确了疏水缔合聚合物的储层适用条件，揭示了疏水缔合聚合物的调驱机理；第 3 章，评价了聚合物微球的静态性能，建立了聚合物微球的孔喉运移封堵模型实现聚合物微球与储层的双向匹配选择，明确了聚合物微球的孔喉运移封堵规律，揭示了微观驱油机理；第 4 章，评价了预交联凝胶颗粒的微观性能，明确了预交联凝胶颗粒与储层的匹配关系以及储层适用界限；第 5 章，构建了最佳的耐温 CO_2 泡沫体系配方，验证了 CO_2 泡沫的注入性和增阻性能，明确了 CO_2 泡沫驱提高原油采收率与封存效率的协同作用机理，劈分了 CO_2 封存机理的贡献率；第 6 章，构建了不同粒径的 O/W 乳状液并评价其黏弹性和稳定性，明确油水界面张力对乳化的影响，通过单根岩心驱替实验和双管并联驱替实验明确乳状液的增阻效果和调驱作用；第 7 章，对不同调驱方式进行了总结，并对未来可能的发展方向进行了展望。本书由陈鑫编写第 1 章、第 2 章、第 3 章、第 5 章、第 6 章的第 1 和 2 节；刘顺编写第 4 章和第 7 章，刘建斌编写第 6 章的第 3 节。本书主要内容取材于笔者博士期间相关工作和已发表成果，同时感谢我的博士导师李宜强教授和刘哲宇教授对本书内容的指导和支持。

　　本书的出版得到西安石油大学优秀学术著作出版基金、西安石油大学科技创新基金研究项目、国家自然科学基金委青年基金项目、陕西省自然科学基金一般青年项目、中国博士后科学基金面上项目、国家资助博士后科研人员计划以及陕西省博士后科研项目的共同资助。

　　由于笔者水平有限，书中不妥之处，敬请各位专家、同行和广大读者提出宝贵意见。

陈鑫

2024 年 7 月

目　录

I

第1章 ▶ 绪 论

1.1 研究目的及意义

英国石油公司发布的《世界能源展望 2024》报道称，虽然在低碳减排的国际背景下石油需求量将在 2025 年达到峰值，但是 2050 年石油的需求量仍接近 8000 万桶/日，石油与天然气仍将是未来的主流能源。虽然我国东部老油田经过 60 多年开发已进入特高含水期，注入水窜流现象严重，但是此类高含水砂岩油田仍是我国石油储量和产量的主体，是国家能源战略安全和经济发展的重要保障。聚合物驱油作为提高采收率的重要方法已在东部老油田大规模工业化推广应用，动用地质储量 15 亿 t，平均采收率达到 50%，但聚驱后仍有一半原油滞留地下。聚驱后进一步提高采收率依然是保障我国东部老油田可持续发展和资源利用的重要途径。

高含水期油藏的平面、层内和层间矛盾进一步突出，注入水窜流导致的低效/无效循环加剧，特别是在注入聚合物后期，地下渗流场更加复杂、剩余油更加分散。此外，对于注气补能油藏，气体和储层流体较大的流度差异导致气体窜流现象更加严重，不仅表现有平面上的指进现象还具有纵向上的重力分异问题。扩大注入流体的波及范围，是大幅度提高采收率的关键。

注采井间的调剖调驱技术能够有效调整注采剖面，进一步动用未波及的地质储量。随着技术水平和理论思想的进步该技术已经逐渐发展为储层深部调驱技术。传统的聚合物凝胶调驱技术应用最为广泛，但是地下成胶不可控、易污染低渗层、难以作用到储层深部等特点限制了其进一步发展。弹性颗粒作为一种经济有效、便于矿场使用的深部调驱体系得到了更多的关注，其在地面合成且粒径可控、性质稳定，具有良好的水溶性和吸水膨胀性，能通过吸附、架桥、滞留等作用有效封堵高含水窜流通道。同时，弹性颗粒可以通过自身的弹性变形通过喉道，实现"运移—封堵—弹性变形—再运移—再封堵"的深部液流转向机制，有效改善油藏非均质性，起到剖面调控的作用。此外，泡沫驱能够将气/水单相流体转变为气液分散流体，降低注入流体的流度（降低气体流度可达百余倍），气泡在孔喉处的贾敏效应和叠加贾敏效应也可以增加流动阻力，起到扩大波及体积的效果。

本文将以纵向非均质窜流和平面指进窜流问题为切入点，从调驱体系性能表征、孔喉运移规律以及调驱作用效果 3 方面入手，结合孔喉尺寸和岩心尺度实验以及理论模型对上述关键问题开展科学系统的研究，致力于不断完善储层深部调驱方法和理论，为其矿场应用参数设计提供数据支持和理论指导。

1.2 注入流体窜流现象研究进展

在二次采油和三次采油过程中，注入流体侵入原始饱和油区域，取代孔隙中的原油并将其向前推进，此时孔喉中必然会出现油水交接的弯液面，而无数个微观的弯液面便组成了宏观的油水前缘界面。受储层物性、流体性质以及沉积特征等因素的影响，油水前缘界面并非呈活塞式推进，而是会沿着一些通道突进并提前突破，这就是注入流体的窜流。前缘突破后会在注采井间形成一条低渗流阻力的优势通道，造成注入流体的无效或低效循环，大幅降低波及范围，影响最终采收率。按照前缘突破的主控因素可以将窜流分为纵向非均质窜流、平面指进以及重力差异导致的窜流，其中重力差异窜流主要出现在气驱、蒸汽驱等开发过程中。

非均质性是储层的固有属性，受沉积作用、成岩和构造作用以及流体流动侵蚀作用等众多因素的影响。我国油气资源主要分布在中-新生代陆相沉积盆地中，陆相沉积作用导致我国大部分油藏具有强非均质性的特征，伴随着油气田勘探开发的全过程。20 世纪 70~80 年代国内外学者才开始关注储层非均质性的研究，并提出不同的分类方法。Pettijohn（1975）按照沉积规模将储层非均质性划分为 5 类；Weber 等（1982，1986）在此基础上考虑了储层流体的流动特征将储层非均质性细分为 7 类；裘亦楠等（1997）进一步考虑生产实际，将储层非均质性分为层间、平面、层内以及微观非均质性，该分类方法在学术研究和现场应用中被普遍接受。

储层纵向非均质性窜流会严重降低注入流体的储层波及范围，特别是低渗区域。李伟才等（2011）进行了 3 个流动单元岩心单块驱油效率以及并联驱油效率，实验结果显示，岩心并联驱油高渗层的驱油效率比单独驱替时还要高，而低渗岩心的驱油效率则显著降低；唐洪明等（2014）通过三管并联模型模拟不同的储层非均质性进行驱油实验，结果显示当岩心的渗透率级差从 5.29 增大到 32.31 时，模型水驱驱油效率从 65.74% 降低至 23.17%；谭新等（2018）设计了 4 种储层平均渗透率以及 2 种储层渗透率变异系数的三管并联驱油实验，结果显示驱油效率不仅与储层的非均质性有关，还与高渗层的绝对渗透率直接相关。当变异系数在 0.8 以上时，三层岩心的低渗层在水驱阶段即不产液；当平均渗透率在到 1000mD 以上时，中渗层也不产液，即注入流体完全沿着高渗层窜流。李海波等（2020）实验结果显示多层油藏连续注烟道气较分层注烟道气的提高采收率降低了 4.14%，同时分层水气交替驱替可以进一步提高采收率 4.20%。水气交替注入可以有效增大注入流体的流度，通过贾敏效应增大渗流阻力、改变窜流通道内的优势流场等，能够有效改善驱油效果。此外，类似的扩大波及提交方法还有周期注水（矿场经验表明可比常规注水提高采收率 3%～10%）和聚合物驱（室内实验和矿场应用显示可在水驱的基础上提高采收率 10%～12%）。虽然以上方法技术成熟、操作简单，但是仍有大量剩余油需要进一步的接替技术进行开发，即深部调驱技术。深部调驱技术源于储层调剖堵水，调剖堵水是油气田开发过程中的必然过程，是解决纵向非均质窜流的有效技术手段，其发展过程和技术限制将在 1.3 节中详细介绍。

平面指进是指注入流体呈指状（或树权状）侵入饱和流体的现象，最早由 Engelberts 在 20 世纪 50 年代提出。指进的发生以及侵入前缘的形态主要受黏滞力、毛管力、重力和惯性力的影响，其中重力和惯性力在室内平面小尺寸模型研究中往往可以忽略。Haan（1959）和 Dumore（1964）等大量学者通过实验和理论研究证明了黏滞力和毛管力的竞争作用决定了侵入前缘的形态和波及面积。在一定范围内，侵入流体低速注入时毛管力起主控作用，高速注入时黏滞力起主控作用。Lenormand 等（1985，1988）利用毛管数 Ca 和注入流体与饱和流体的黏度比 M 两个无量纲参数分别表征毛管力和黏滞力，通过数值模拟和物理实验将侵入类型划分为黏性指进、毛细指进和稳定驱替三个区域。其在 $\lg10Ca$-$\lg10M$ 坐标内建立了不同类型指进发生图版如图 1.1 所示，并通过理论计算证明了各区域由一条斜率为 1 的直线分隔，同时指出在三个区域间分别存在一个过渡区域。在此基础上，国内外学者进行了大量的数值模拟与实验模拟对指进的发生机理以及发展过程展开了研究。

Niemeyer 等（1984）采用介电击穿模型（Dielectric Breakdown Model，DBM）对黏性指进的发展过程进行模拟，该方法采用连续介质方法计算压力场，同时计算界面的离散位移，这在某种意义上解释了多孔介质的颗粒结构。Witten 等（1981）最早提出了扩散限制凝聚模型（Diffusion-Limited Aggregation，DLA）用于描述离子的非线性生长现象。Lenormand 等在此基础上利用 DLA 方法对毛细指进现象进行了模拟，同时提出反向 DLA 方法（anti-DLA）可以有效模拟稳定驱替过程。此外，有限差分法、元胞自动机（CA）以及格子玻尔兹曼方法（LBM）均适用于指进的数值模拟研究。以上方法可以模拟更复杂的流动条件，并且不受模型尺寸、孔隙形状和流体类型的限制。Doorwar 等（2017）将数值模拟结果显示在大范围的油藏尺度内，指进的发生会大幅降低注入流体的波及范围，如图 1.2 所示，再次证明了指进抑控制的重要性。但是数值仿真结果的可靠性较低，需要通过物理实验方法进行验证。

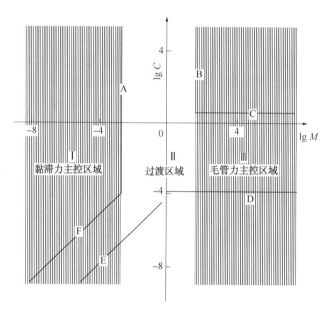

图 1.1　改自 Lenormand 经典指进发生图版

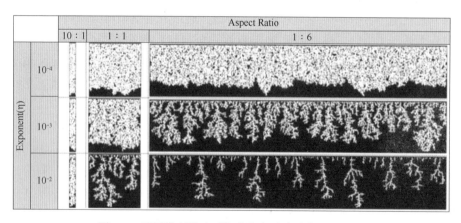

图 1.2　不同模型尺寸下指进发生对波及范围的影响

物型实验可以捕捉孔喉处流体侵入的真实过程，具有更高的可信度，可以为指进发生的机理研究提供可靠素材。指进研究的物理模型经历了从 Hele-Shaw 模型和 Hele-Shaw 充砂模型到蚀刻多孔介质模型的转变。其中玻璃/PDMS 蚀刻模型是近年来研究指进的主要模型。随着 X 射线计算机断层扫描(CT)以及共聚焦显微镜技术的发展,3D 成像为多孔介质流体侵入前缘的模拟提供了新的思路。但是孔喉尺度动力学以及润湿性的模拟仍然制约着 3D 模拟的应用,因此,二维多孔介质仍然是直接观察侵入前缘和研究驱替过程的最佳技术手段。

Lenormand 经典指进发生图版便是通过简单的孔喉蚀刻模型实验获得的,其引入气体和水银作为注入流体,使得 lgM 的变化范围为−4.7~2.9,同时较大的模型尺寸(150mm×135mm×1mm)允许的注入速度范围较大,lgC 的变化范围为−9.4~−0.9。此后,国内外学者使用不同的微观模型以及流体组合进行实验,对 Lenormand 图版进行了验证和完善。Zheng 等(2017)将 6 篇文献及其实验结果与 Lenormand 图版进行了对比,不同文献中黏性指进、毛细指进以及稳定驱替的区域范围不尽相同,但是其区域形状保持一致。这验证了 Lenormand 的说法:不同类型指进区域位置会随着实验条件的改变而在图版内平移,即其形状不会改变。其中 Zhang(2011)和 Chen(2017)建立的图版最为完善,并且通过分形维数对指进的类型进行了定量的划分。Zhang 等利用微观均质孔喉模型(30mm×15mm×0.053mm)进行了驱替实验,其指进发生图版内三个指进类型区域相比于 Lenormand 图版均有增大。Zhang 指出模型均质、孔喉尺寸相对较小的条件下会减少毛管力和黏滞力共同作用的区间,导致过渡区域的缩小。Chen 等使用粗糙裂缝模型(200mm×100mm×1mm)进行实验,结果显示在毛细指进和黏性指进的过渡区内存在一个交叉区域,该区域具有最低的波及范围。此外,二者还指出过渡区域虽然与模型即孔喉尺寸、孔喉均质性直接相关,但区域边界的划分精度也会受实验样本个数的影响。

以上图版的研究主要考虑了注入速度和黏度比,流体与模型的润湿性同样对侵入前缘至关重要(特别是在低流速下)。湿相(W)流体侵入非湿相(NW)流体的驱替称为吸入过程(Imbibition),而非湿相流体侵入湿相流体称为驱替过程(Drainage)。二者的主要区别在于毛细管力在吸入过程中是流动的驱动力,而在驱替过程中则是流动的阻力。上述对指进发生形态以及指进图版的研究均针对驱替过程。Lenormand 等(1990)通过实验和理论验证了在吸入过程中也存在指进现象,并建立了吸入过程指进发生的理论图版。Chen 等(2022)通过实验初步建立了吸入过程的指进发生图版,并通过分形维数的计算以及波及范围的识别指出在吸入过程中同样存在波及范围最低的交叉区域。Zhao 等(2016)设计了 5 种润湿性的微流控模型进行了驱替实验,实验结果表明注入流体在弱吸入情况下具有最大的波及范围,且注入速度降低波及范围增大;而由于壁面流的作用,强吸入过程反而具有最低的波及范围。润湿性对侵入前缘的影响规律和机理复杂,针对驱替过程和吸入过程指进发生的机制，学者们从单一孔喉的角度进行了广泛研究。

孔喉中两相流体之间的侵入界面被称作弯液面，用于描述侵入进程。Cieplak 等（1988）提出了弯液面突破喉咙进入相邻孔隙的三种模式：突破（弯液面突破孔喉前不与基质接触）、接触（弯液面突破前接触基质形成两个弯液面）和重叠（两个孔喉处的弯液面接触重叠）。大接触角驱替过程中易发生突破模式，导致侵入前缘锋向前推进，波及范围减小；重叠模式易发生在小接触角的吸入过程，侵入前缘平稳推进；接触模式是指进向稳定驱替的过渡阶段，可以通过指进通道的宽度定量计算临界接触角以获得最佳的润湿性范围。Jung 等（2016）通过实验结果验证了上述弯液面侵入模式，证明了侵入前缘从指进到稳定驱替过渡区域的存在，如图 1.3 所示。Chraibi（2009）和 Motealleh 等（2010）进行了类似的工作，证明了上述三种模式均与模型的非均质性和孔隙度有关。此外，Cieplak 模型仅考虑了毛细管力的主导作用，无法解释低接触角（0～20°）壁面流引起的强吸入过程指进的发生。Lenormard 等（1990）从孔喉比的角度出发，总结出两种吸入过程的侵入模式，①小孔喉比：孔喉连续吸入，具有稳定的侵入前缘；②大孔喉比：侵入流体沿着基质壁面流动和侵入，并逐渐填充满较小的喉道，造成孔喉内饱和流体滞留，侵入前缘指进（图 1.4）。该理论与 Vizika 等（1989）提出的截断机理（Pinch-off）类似。

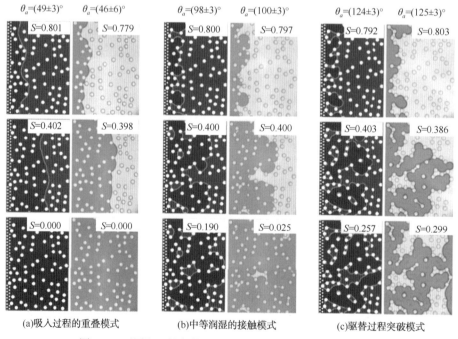

(a)吸入过程的重叠模式　　　(b)中等润湿的接触模式　　　(c)驱替过程突破模式

图 1.3　不同润湿性条件下侵入前缘孔喉流动模式实验结果

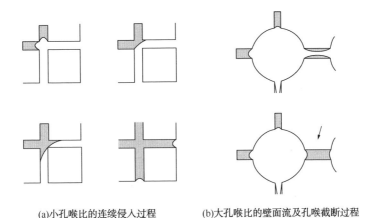

(a)小孔喉比的连续侵入过程　　　　(b)大孔喉比的壁面流及孔喉截断过程

图1.4　Lenormand 提出的吸入过程侵入模式

1.3　颗粒调驱体系发展与优化设计研究进展

　　无论是储层纵向非均质窜流、平面指进窜流还是由于流体重力差异等导致的窜流都会造成注入流体低效/无效循环，严重影响开发效果。封堵窜流通道、扩大波及体积的调剖堵水技术经历了70年的发展已经形成较为成熟的封堵体系和配套工艺措施。我国化学调剖堵水技术可以分为4个阶段：①20世纪50~70年代：以油井堵水为主，封堵材料主要包括无机水泥、树脂、活性稠油等。②20世纪70~80年代：Needham（1974）等人通过实验指出聚丙烯酰胺类聚合物可以通过岩心表面的吸附滞留和捕集作用增强高渗层的渗流阻力，起到封堵优势通道的作用。此后，聚合物及强凝胶堵剂迅速发展并成为调剖堵水的主体。③20世纪90年代：我国大部分油田进入高含水/特高含水期，现场使用的调堵体系接近百余种，其中以聚合物微球等具有深部调剖/调驱特性的体系发展最为迅速。④21世纪以来：基于油藏工程的深部调剖改善水驱配套技术的提出，使深部调剖技术上了一个新台阶，将油藏工程技术和分析方法应用到改变水驱的深部液流转向技术中。以上调剖堵水的发展过程呈现出：封堵体系由大到小、由单一到复合，作用范围由近井地带到油藏深部、由注采井到油藏整体的转变。

　　白宝君（2015）等综述了聚丙烯酰胺类聚合物凝胶作为调驱体系扩大波及体积的技术进展，并按照凝胶的交联位置将其分为预交联凝胶和地下凝胶两类。预交联凝胶产品的差异主要体现在粒径大小和吸水性能上，按照粒径从大到小主要包括预交联整体凝胶、PPG、透明水和微凝胶；地下凝胶主要包括分散凝胶和本体胶，如表1.1所示。其中本体胶、PPG 和微凝胶应用最为广泛。

表 1.1　聚丙烯酰胺类凝胶调驱体系性能对比

	产品	描述	优点	缺点	应用油田
预交联凝胶	PPG	在水中形成分散粒子；地面合成，成本低	强度和颗粒大小可控；耐温耐盐（120℃、矿化度300000mg/L）	颗粒相对较大；只能用于封堵渗透率较高的裂缝及大孔道	在中国的高含水油田广泛应用
	透明水	反相乳液或微乳液法合成；成本相对较高	胶粒小；遇水膨胀；胶粒强度可调；在水中呈分散状态	不能用于高渗地层或裂缝性油藏	印尼苏门答腊岛米纳斯油田
	微凝胶（微球）	通过单体或聚合物和交联剂的剪切形成；成本相对较高	强度和颗粒大小可控；柔韧性好；可进入渗透率相对较低的地层	不能用于高渗地层或裂缝性油藏	渤海部分海上平台
	预交联整体凝胶	注入前形成整体胶	强/弱凝胶；可用于裂缝或高渗层	不易注入	没有油田应用报告
地下凝胶	CDG	分散凝胶	分散凝胶；单方堵剂成本低；微米级颗粒；聚合物浓度低，易注入	胶强度低，不能用于封堵裂缝和通道	大庆油田；美国 Minnelusa 油藏
	本体胶	网络结构凝胶	可降低裂缝和通道的渗透率	对 pH 值、温度和矿化度敏感	世界各地广泛应用

本体胶即通常所说的聚合物凝胶，向储层中注入成胶液（可以是聚合物和交联剂的混合段塞，也可以是聚合物和交联剂的交替段塞）并用注入水段塞将其顶替到储层深部，关井候凝后便可有效封堵高渗层，如图 1.5 所示。Cr^{3+}、酚醛树脂以及 Al^{3+} 可作为高效的交联剂，蒲万芬（2004）等通过室内实验设计了有机/无机铬溶剂和柠檬酸铝溶液作为交联剂与 HPAM 的成胶配方，并研究了成胶的影响因素，该凝胶体系在濮城油田成功应用，可降低含水率 1.7% ~ 8.2%。但是 Cr^{3+} 和酚醛类具有毒性，使其在油田的应用受到了限制。Morgon（1998）等率先提出利用无毒的聚乙烯亚胺（PEI）作为交联剂与丙烯酰胺和丙烯酸叔丁酯共聚物（PatBA）发生交联反应，可以形成良好的耐温凝胶体系。鞠野（2018）等通过三平板并联非均质岩心驱替实验对比了凝胶、微球和泡沫的封堵效果，实验结果显示凝胶的注入压力最高，封堵效果最佳。但是聚合物凝胶具有成胶时间和成胶强度不可控、成胶质量易受聚合物剪切降解和地层水稀释作用影响等缺点，白宝君等通过对比 PPG 和微球的性能指出预交联凝胶类弹性分散流体的颗粒强度和大小

可控，具有更广泛的应用前景。

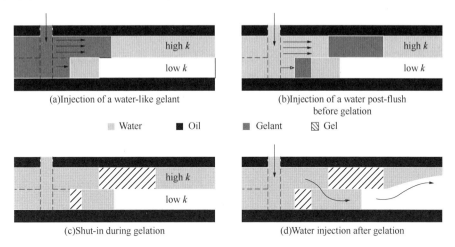

图 1.5　聚合物凝胶调驱过程示意图（Seright，2012）

PPG 是地面预交联合成的具有良好的水溶性和吸水膨胀性的凝胶颗粒，其具有"变形虫"的特征可以依靠弹性变形通过孔喉，适用于大孔高渗油藏的封堵。白宝君（2002）和吴应川（2005）等分别对影响 PPG 性能的内因和外因进行了研究：合成原料及配比、合成方法、反应温度以及搅拌速度等因素均会直接影响凝胶颗粒的尺寸、形状和吸水性能；而储层温度、pH 值、矿化度以及剪切作用是影响 PPG 封堵效果的外在因素。唐孝芬（2004）等通过扫描电镜及岩心运移实验明确预交联颗粒之间具有网络结构，可以大幅增大渗流阻力，同时指出 PPG 颗粒在通过多孔介质时已发生破碎并通过孔喉。张歧安（2006）等利用丙烯酰胺和疏水性有机交联剂合成了一种吸水膨胀性树脂颗粒 WEA-1，其吸水膨胀倍数可达 4~8 倍，具有良好的弹性变形能力和拉伸强度，封堵强度高。PPG 作为调驱体系在国内外油田进行了大量的矿场试验和应用，据统计 2008 年和 2014 年 PPG 在油田成功应用的井数分别为 2000 口和 5000 口。

PPG 颗粒粒径大、形状不规则，适用于裂缝和高渗窜流条带的封堵，在此基础上小粒径、表面光滑、形态规则的聚合物微球被研发并应用。理想的微球应具有以下特性：良好的水溶性和分散稳定性、抗剪切性、耐温耐盐性以及深部运移封堵性能。张增丽（2007）等从理论和实验的角度研究了亚微米级别聚合物微球的吸水膨胀性能和封堵性能，其指出溶液中悬浮的有效微球浓度越高、注入量越大，注入压力便会越高，后续水驱阶段微球能够保持较高的残余阻力系数。刘承杰（2010）等的室内驱油实验结果显示，微球调驱可在聚驱的基础上提高采收率 10% 以上，并且该微球在胜利油田永 8-17 井组成功应用，含水率下降达 4%。黎晓茸(2012)等合成了初始粒径305.7nm、吸水膨胀后粒径4μm的聚合物微球，室内填砂管实验显示其封堵效率为93.6%。该微球在长期油田长6油藏进行了2个阶段、6个井组的矿场试验，高含水井含水率明显下降。金玉宝(2017)等针对自适应聚合物微球(SMG)的油藏适应性进行了实验，指出SMG微球溶于水后初期体积膨胀变大的速度快，随后减缓，且SMG微球粒径分布范围较窄，具有更大的不可及孔隙体积。驱油实验结果显示，SMG微球恒压驱替的提高采收率效果优于恒速驱替。庄建(2020)等研究了聚合物微球在裂缝存在的多重介质中的运移封堵机理，聚合物微球调驱工作在安塞油田先后经历了先导试验、扩大试验和规模推广等矿场应用，产量递减率可降低5%左右。刘束葳(2022)等总结了聚合物微球在国内外油田的矿场应用案例，指出了室内模拟油藏条件的程度有限，研发能够在油藏条件下具有良好性能的聚合物微球是未来发展的主要方向。

不同于聚合物凝胶溶液的调驱机理，PPG和微球溶液为固液分散体系，弹性颗粒在储层中能够选择封堵高渗层，并通过特有的性能实现深部运移。Coste(2000)等基于玻璃模型模拟裂缝，指出PPG通过大孔喉深部运移的3种机制：颗粒变形、脱水收缩、颗粒磨碎。Pritchett(2003)等提出多功能颗粒凝胶体系，在BP等油田高渗带不发育油田应用未发生近井堵塞，证明了弹性颗粒分散体系具有良好的深部运移作用。姚传进(2014)和唐雪辰(2018)等指出"封堵–弹性变形通过–再运移"是聚合物微球的主要深部运移模式。

弹性分散流体深部运移微观机理如图1.6所示。

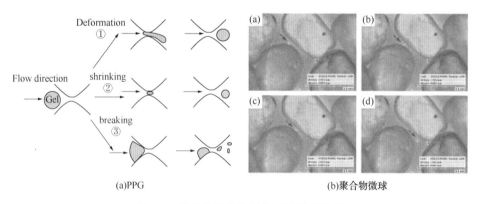

图1.6　弹性分散流体深部运移微观机理

除了聚合物凝胶体系外，疏水缔合聚合物也同样用于窜流通道的治理。疏水缔合聚合物是在聚合物直链上引入疏水侧链，侧链可以通过疏水缔合作用形成空间网络结构，大幅度增加溶液的黏度。张寿根(2006)等筛选出了耐高温高盐的疏水缔合聚合物，中原马寨油田的矿场应用结果显示疏水缔合聚合物具有良好的剖面调控能力，可以提高注水压力4.1MPa。刘波（2010）等结合镇泾油田长6油藏的储层条件优化设计了疏水缔合聚合物调剖体系，可以起到良好的控水增油效果。赖南君（2010）等将含油污泥和疏水缔合聚合物复配使用，室内实验结果显示对水测渗透率1.235~0.561μm²的填砂管的封堵率在95%以上。谢坤（2016）通过实验研究指出疏水缔合聚合物的缔合作用会降低溶液的注入能力，通过添加β-环糊精对缔合作用进行抑制，增强了疏水缔合聚合物的储层适应性。

聚合物驱在矿场应用过程中可以有效改善流度比，扩大波及体积。在聚合物注入后期普遍存在剖面反转现象，人们逐渐意识到不同体系段塞组合驱替可以有效改善驱油效果。韩成林（1994）等利用变异系数为0.72的三层层内非均质岩心进行不同聚合物组合方式的驱油实验，结果显示驱油效果：不同聚合物段塞组合>相同聚合物不同黏度段塞组合>单一段塞驱替。吴文祥（1996）等使用相同的二维非均质岩心进行驱油实验并指出在注入能力允许的条件下，尽可能地选用较大分子量的聚合物可以获得更好的提高采收率效果。朱焱（2018）等通过平板填砂模型驱油实验建立了流度控制理论，提出了梯次降黏的聚合物组合注入方式，该方式在大庆油田成功应用。

多聚合物段塞组合注入方式的思路在于利用高黏度的聚合物段塞封堵窜流通道，后续的低黏度聚合物段塞可以进入未波及区域并驱替原油。但是仅包含聚合物溶液的组合方式难以满足强非均质储层剖面改善的需求，因此研究人员在聚合段塞的基础上引入调剖段塞。刘文梅（2003）等设计钙土颗粒+PPG+交联聚合物的组合调驱体系，该体系在濮城油田进行了矿场试验，含水率下降了4.1%。张燕（2005）等指出高分聚合物封堵高渗层的作用时间短，多轮次交替微凝胶和聚合物溶液可以有效调整剖面并降低注入压力。王克亮（2005）等指出在三元复合段塞前加入调剖段塞可进一步提高采收率2%~4.9%；唐善法（2006）等针对河南油田设计了凝胶+二元+凝胶的段塞组合，室内实验增效作用可达13%；李方涛（2008）等指出聚合物凝胶+PPG+聚合物微球颗粒组成的复合调驱体系可有效封堵大孔道，室内岩心驱油试验提高采收率可达17.8%。张继红（2010）指出聚驱后小段塞多轮次交替凝胶+聚表二元体系可提高采收率10%以上；Marcelo（2012）等设计多段塞凝胶组合注入方式保障凝胶更大范围封堵高渗层，并在阿根廷疏松砂岩油藏应用。Alhuraishawy（2017）等指出复配粒径不同的PPG可以获得更佳的调驱效果。曹伟佳（2018）等将聚合物微球作为二级调剖段塞，设计弱凝胶+强凝胶+微球的组合方式，具有良好的降压增注效果。赵春森（2019）等研究PPG+聚合物浓度及段塞组合对EOR的影响，优选出最佳的组合方式，明确聚合物浓度为最敏感因素。魏学刚（2021）基于长庆安塞油田的储层物性，针对裂缝性、孔隙性和裂缝–孔隙油藏分别设计了多段塞化学调驱组合调驱方案,并对施工参数进行了优化设计。

以上研究明确了调驱体系+聚合物的交替注入组合方式,但是最佳注入方式的优化设计大多是基于有限的室内实验结果,且对段塞组合的转换时机研究较少。吴文祥(2005)等通过岩心驱油实验指出高浓聚合物的注入时机越靠前越有利于后续低分低浓段塞动用小孔隙内剩余油。而 Liu(2020)等的微观驱替实验结果显示,水驱后转换二元体系段塞的时机不宜过早或过晚(含水率 80%~90%)。同时,不同段塞组合的转换时机大多通过确定段塞注入量的方式进行确定,目前尚缺少确定不同段塞最佳注入量的有效方法。虽然相渗曲线可以用于定量指导聚合物等化学体系的转注时机,但是在固液/气液分散体系应用过程中难以实现,且同样无法设计不同段塞之间的转换时机。

1.4 颗粒调驱体系孔喉匹配研究进展

PPG 与微球溶液成功应用的关键在于颗粒与储层的匹配性,国内外学者对此开展了大量的研究。20 世纪 90 年代 Seright 等经过室内实验和矿场应用总结提出弹性分散颗粒的应用应满足颗粒与孔喉的匹配,开启了以粒径匹配为依据的弹性分散流体评价优选研究。赵福麟(1994)等利用黏土双液法封堵高渗层,指出孔径/粒径范围为 3~9 时封堵效果最佳。王涛(2006)等基于颗粒粒径(d)与孔喉尺寸(D)的大小关系表征了架桥理论:①$d>D$ 时颗粒直接封堵孔喉;②$0.46D<d<D$ 时为两颗粒架桥封堵;③$d=0.46D$ 时为三颗粒架桥封堵;④$d=0.292D$ 时为四颗粒架桥封堵;⑤$d<0.292D$ 时为多颗粒封堵。Bai(2007)等利用简单网格微观模型总结预交联凝胶颗粒与孔喉匹配的三种运移模式:直接通过、变形运移及破碎运移。Yao(2012)等利用填砂管进行聚合物微球与储层匹配封堵实验,指出当匹配系数(微球粒径与孔喉粒径之比)为 1.35~1.55 时可以获得最佳的封堵效果,在水驱基础上能进一步提高采收率 10.15%~12.47%。Lin(2015)等利用核孔滤膜及微细管研究交联聚合物微球封堵性能,指出微球与孔喉粒径之比为 1/2~1/3 或者 1 左右时效果最佳。Dai(2017)等利用短岩心及长填砂管模型研究冻胶分散颗粒运移封堵规律及提高采收率效果,指出匹配系数为 0.21~0.29 时效果最佳。Imqam(2017)等利用串联微观模型进行预交联凝胶颗粒注入实验,指出其对尺寸与自身相近或略大的通道封堵效果最佳;Zhao(2018)等提出了一种基于微球粒径分布 $D(10)$、$D(50)$ 和 $D(90)$ 综合评价微球与储层匹配关系的方法。Wang(2019)等利用半贯穿缝注入预交联凝胶颗粒,指出注入阻力与缝宽和基质渗透率

相关，残余阻力与缝长相关。Liu（2022）等结合一维、二维孔喉可视模型和三维岩心模型对聚合物微球与孔喉匹配关系进行研究，一维模型可初步确定匹配系数最佳范围为0.20~0.32，二维模型进一步优化最佳匹配系数在0.29左右，此时三维岩心模型可提高低渗层采收率达56.1%。

　　以上通过多种实验方法和理论对聚合物微球和PPG等弹性分散流体储层内运移进行了研究，匹配系数是评价二者匹配关系的常用参数，其计算方法和流程如图1.7所示。

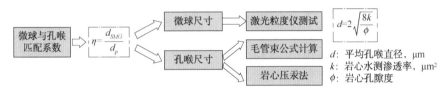

图1.7　匹配系数定义及计算

　　弹性分散流体与储层的匹配系数是基于实验现象和结果的研究，国内外学者同样针对弹性颗粒在多孔介质内的运移、封堵开展了理论研究，并建立了相关的颗粒运移封堵模型。

　　渗层过滤法（Deep Bed filtering，DBF）是研究颗粒在多孔介质内运移和滞留的经典方法，具有3个应用特征：①细颗粒可以顺利进入多孔介质，其中一部分在液体的携带下运移，另一部分通过各种机制在多孔介质内滞留；②滞留率与颗粒尺寸、多孔介质尺寸、溶液浓度、注入速度、孔隙率等有关；③滞留的颗粒会降低多孔介质的孔隙度和渗透率，因此滞留量的增速会逐渐降低，最终会出现临界滞留量。经典的DBF模型包含质量平衡方程和动力学方程。Payatakes（1973）将多孔介质简化为一束收缩的毛细管束，并应用到了DBF理论中，为油气田开发领域研究颗粒多孔介质内运移封堵奠定了基础。Sharma（1987）提出了三种多孔介质模型用于研究颗粒的运移过程，并引入种群平衡方程和渗透率下降方程来表征不同颗粒滞留机制下的储层物性变化。Cheng（2019）考虑注入速度及颗粒的滞留，从运动方程和连续性方程出发，基于DBF理论建立了聚合物微球在多孔介质内深层过滤的封堵模型，并通过驱替实验验证其具有良好的拟合关系。

　　虽然DBF方法可以应用于弹性分散体系在多孔介质内运移封堵的模拟，但是通过文献调研可以总结其目前存在的4个缺点。①DBF方法只考虑注入溶液和产出流体中的颗粒浓度，而不考虑颗粒的滞留位置。颗粒在进入多孔介质的过程中，必然会在注入端面形成滤饼层，造成颗粒在多孔介质中的非均匀分布，Bradford（2003）和Tufenkji（2004）等均报道了由此造成的实验数据与DBF预测结果之间存在显著差异的现象。Juliana（2013）等指出，多孔介质孔隙尺寸和颗粒粒径比越小，多孔介质注入端附近的滞留现象越明显。②DBF 方法主要关注细小颗粒的运移。Herzig(1970)等系统地总结了文献中大量的实验数据，完善了经典的 DBF 理论，指出大颗粒(粒径大于 $30\mu m$)主要发生机械过滤，小颗粒(半径在 $1\mu m$ 左右)主要发生物理化学过滤，而粒径介于二者之间时则同时发生机械过滤和物理化学过滤。粒径较小的颗粒容易进入多孔介质并在其内运移，因此模拟结果具有较高的精度。而对于较大的颗粒，颗粒与多孔介质壁面的接触和挤压不可忽略，没有考虑颗粒的应变是导致 DBF 方法预测结果与实验数据存在差异的另一个原因。同时，颗粒粒径与多孔介质孔喉尺寸的关系对深层过滤的影响也尚缺乏定量研究。③DBF 方法忽略了颗粒的弹性和变形。虽然许多学者提出颗粒的应变是较大颗粒滞留的主要机制，但是他们假设粒子一旦进入比自身尺寸小的孔喉就会被卡住，而没有考虑颗粒弹性变形通过的情况。④DBF 方法不能直接预测弹性分散流体的注入压力。DBF 模型的建立最初是为了解决水中颗粒污染物的过滤问题，但颗粒滞留引起的流动阻力变化是油气田开发中的研究重点。流动阻力通常根据达西定律计算，与多孔介质的渗透率直接相关。Kozeny-Carman 模型假设颗粒滞留对孔喉有效体积和比表面积有影响，但渗透率降低作用的计算结果往往小于实验数据。渗透率降低模型可以模拟颗粒滞留引起的多孔介质破坏，虽然模型与实验结果吻合较好，但仍然无法预测注入压力。基于以上 4 点，DBF 理论难以模拟大尺寸弹性颗粒在多孔介质中的运移堵塞过程，也难以预测弹性分散流体引起的附加流动阻力。

此外，Hou(2017)等利用格子玻尔兹曼方法对弹性颗粒的边界进行离散化，然后对其在多孔介质内的变形、运移和流动阻力进行表征和模拟，其所建立的模型能够对聚合物微球在多孔介质内的注入压力进行预测。于龙(2019)等基于弹性乳液液滴的力学分析，以毛管力模型为基础建立了贾敏效应及叠加的贾敏效应流动阻力模型。该模型考虑了弹性分散液滴注入过程中浓度的变化和液滴性能对运移封堵的影响，模型计算结果与实验结果具有较好的一致性。虽然乳液液滴为液液分散体系与弹性颗粒固液分散体系有所差异，但是其模型方法为弹性颗粒多孔介质内运移模型的建立提供了新的思路。

1.5 CO_2 泡沫调驱技术进展

CO_2 提高驱油与埋存一体化(CO_2-EOR)技术是将 CO_2 注入油藏补充地层压力，在驱替原油的同时通过滞留、溶解和矿化实现 CO_2 的地质封存。CO_2 是良好的驱油体系，在一定条件下可与原油混相，大幅提高采收率。即使无法实现混相，CO_2也可通过油溶膨胀、改变壁面润湿性、降低原油黏度和油水界面张力等机理提高采收率。CO_2-EOR 过程中 CO_2 的封存机理主要包括构造捕集、滞留捕集、溶解捕集和矿化捕集等。构造捕集是指 CO_2 由于密度差异以游离气体的形式在致密盖层下上浮并最终被封存。滞留捕集是指 CO_2 由于毛细管力而滞留在孔喉中。溶解捕集是指 CO_2 在原油和地层水中的溶解和滞留。矿化捕集是指二氧化碳溶解在地层水中并与岩石反应形成碳酸盐矿物。其中，构造捕集和滞留捕集属于游离气封存，是 CO_2-EOR 过程中 CO_2 封存的主要形式。此外，一些枯竭油藏中的油溶解封存也可能是 CO_2 封存的主要机制。CO_2 封存量的计算与预测主要分为油田规模和实验室规模。如果不考虑回注，大约60%的注入 CO_2 可以在 CO_2 注采井间突破时保留在储层中。胜利油田 CO_2-EOR 技术预计将增产石油 1.27 亿 t，封存二氧化碳 2.04 亿 t。但在室内实验研究中，由于物理模型缺乏顶部盖层(多为一维或二维模型)且实验周期短(数小时至数天)，CO_2 封存机制仅包括残余捕集和溶解捕集。封存率(封存的 CO_2 与储层孔隙体积的比值)和封存效率(封存的 CO_2 与注入的 CO_2 的比率)是两种常用的 CO_2 封存能力计算方法。受原油性质、油藏物性、注采条件等影响，CO_2 驱的封存能力为 20%~50%。

虽然 CO_2-EOR 技术具有良好的 EOR 和 CO_2 封存潜力，但 CO_2 与储层流体的密度差异很容易导致 CO_2 重力超覆现象的发生，同时高流度特性也导致其易发生指进现象。CO_2 窜流引起的波及范围减少将严重影响 EOR 效果和 CO_2 封存能力。同时，窜流后持续注入 CO_2 会降低其封存效率。水气交替注入(WAG)、CO_2 泡沫驱、聚合物稠化 CO_2 驱可以有效改善 CO_2 流动性，提高原油采收率和 CO_2 封存能力。其中 CO_2 泡沫驱可以同时发挥泡沫的增阻性能和表面活性剂降低界面张力作用，大量实验结果证明了 CO_2 泡沫驱在提高 CO_2 封存能力的同时，可以显著提高石油采收率。然而，CO_2 泡沫是气液分散的热力学不稳定体系，泡沫的强度和稳定性直接影响驱油和 CO_2 埋存效果。起泡性能好的阴离子表面活性剂受温度影响较大，而非离子和两性表面活性剂则具有一定的耐温性。但通常良好的耐高温发泡体系是多种表面活性剂或聚合物的复合体系。此外，在 CO_2 中添加醇类等添加剂可以有效增加原油与 CO_2 的互溶度，在稠油油藏开发中具有显著效果。

1.6 O/W 乳状液乳化特性及孔隙介质调剖调驱

水包油型乳状液是一种外相为水相、内相为油的乳状液。相比于 W/O 乳状液，O/W 乳状液的形成则是开发中最喜闻乐见的。因为乳化原油形成 O/W 乳状液是化学驱油过程中的一个重要性质，且化学驱油中具有较好提高采收率效果的过程，往往伴随着较好的乳化现象。由于油水流度的差异，导致水在注入后会发生较为严重的指进现象。当注入水突破至采油井时，便很难再有原油产出。为此，当化学剂将原油乳化后，O/W 乳状液的流动性能大大增强，这便使得原油可以更好地随水流产出。但是，化学剂类型和性质往往决定形成 O/W 乳状液的性能，而 O/W 乳状液的性能又影响着其在孔隙介质中的流动能力。O/W 乳状液在孔隙介质中的滞留特性使其具有一定的调剖能力，可以在一定程度上扩大波及。

（1）油水界面性质

原油乳状液的稳定性主要取决于油水界面性质。在 O/W 乳状液中，一般是原生表面活性剂或者水溶液中的表面活性剂吸附于油-水界面膜上，形成了具有一定黏弹性的界面膜。这些界面膜在一定程度上给液滴的聚并造成了不同程度的障碍。O/W 乳状液的界面膜黏弹性越高，乳状液的稳定性越强；液滴越小，乳状液的稳定性越强。但是，乳状液的破坏是持续进行的，该过程主要包括液滴的絮凝、聚集、沉降（上浮）、聚并和油水分层等。其中乳状液的稳定性主要取决于液滴的聚集速度和聚并速度的大小。液滴聚集和聚并的速度越慢，乳状液就越稳定。乳状液的稳定机理主要有：界面张力稳定、界面膜稳定、双电层稳定、空间稳定和固体颗粒稳定。

当乳化降黏剂溶液与原油乳化形成 O/W 乳状液时，其黏度会大幅度降低。但是由于乳状液粒径的改变、界面膜性质以及外相水含量的改变，乳状液的黏度也会相应发生变化，乳状液的黏度受到含水率、温度和化学剂的影响。根据颗粒充填理论，当外相占比小于 30% 时，就会有发生转相的趋势。研究发现，随着含水率的增大，乳状液的黏度呈先快速降低后趋于稳定的趋势。原油对温度非常敏感，温度升高，原油黏度大幅度降低。因此，O/W 乳状液的降黏效果在高温条件下会有较大幅度的降低。此外，一般的乳化降黏剂在高温条件下也会变得不稳定，发生变质降解的情况，但温度对 O/W 乳状液的黏度变化影响较小。乳化降黏剂的类型对 O/W 乳状液的黏度有较大的影响，主要表现在 O/W 乳状液液滴大小、稳定性强弱以及抗剪切性能等方面。乳状液液滴越大，稳定性越弱，O/W 乳状液的黏度就越大。

原油-水（水溶液）体系在受到震荡/剪切时，会分散成液滴，在水溶液中活性物质的作用下，形成 O/W 乳状液。静置后在重力场的作用下，如果液滴不够小，油滴则会在水相中逐渐上浮，形成一个分散油滴较多、油相体积分数较大的浓乳化层；而其下则为油滴直径较小、油滴体积分数低的稀乳化层。若界面膜强度不够强，油滴将逐渐聚并，在浓乳化层的上部形成油层。此时，随着稀乳化层中油滴的不断上浮，使稀乳化层逐渐成为水层。体系形成油层、乳化层和水层，最终成为油层和水层，彻底破乳。分相法是以乳状液不均匀的层析现象为基础评价乳状液稳定性的方法。目前，对于 O/W 乳状液静态稳定性的评价主要有分水率和静态多重光散射两种方式。

（2）性能变化特征

化学剂将原油乳化形成 O/W 乳状液后，其流动性能会发生显著的变化。首先是赋存状态，由于原油是以液滴的形式分布于水相中，其黏度会大大地降低。在这种状态下，O/W 乳状液的性能往往取决于其流变学和形变学特性。这与吸附于油水界面活性剂的性质以及状态息息相关。目前，对于 O/W 乳状液的研究主要集中在其制备方法、影响因素、界面特性、化学剂在油水界面上的富存状态等方面。大量的研究表明化学剂的性质、O/W 乳状液的组成和 O/W 乳状液的流变特性（如屈服应力、表观黏度和黏弹性）之间存在一定的相关性。

Marianna P 等研究了原油 O/W 乳状液的性能特征。研究表明 O/W 乳状液的流变性能与分散相液滴的形态及其固有结构有直接关系。在应力控制剪切作用下，所有试样均表现出黏塑性行为。加入具有高界面油水张力值的表面活性剂或者增加含水量均可以降低屈服应力（这是衡量颗粒间结构强度的指标）。O/W 乳状液的流变行为还取决于油水相的比例以及液滴大小分布。当油相分散相浓度不超过 60% 时，O/W 乳状液表现为牛顿流体；浓度升高，O/W 乳状液表现出剪切变薄的行为。同时，黏度与液滴大小密切相关。在高油相浓度的 O/W 乳状液中屈服特性显著。对于不同类型的化学剂，其降低油水界面张力的能力不同，形成的 O/W 乳状液的性能差异也非常显著。研究表明界面张力越大，形成的 O/W 乳状液的粒径越大，从而黏度增大，屈服应力降低。同时，水相（连续相）的含量对 O/W 乳状液的黏度和黏弹性起着主导性作用。水相含量越高，其黏度降低幅度越大。

O/W 乳状液的油水界面通常是由油相、水相、活性剂等组成的混合物，其厚度约为 1~50nm。尽管其体积占比仅为总量的小部分，但是其会对 O/W 乳状液的整体物理化学（如稳定性、流变性等）特性有非常大的影响。因此，研究者们对其界面组成、结构、厚度和流变学特性特别感兴趣。油水界面特性取决于界面上吸附的活性物质的类型、浓度、聚集形态和相互作用，如络合作用、竞争吸附和多层吸附等。油水界面的厚度和流变特性影响 O/W 乳状液的乳化、聚集和聚并的稳定性。为此，通过改变原油中重质组分（通常为活性物质）的结构也可以大幅度改变原油的乳化特性。Chen 等利用多环芳烃分子与重油组分之间通过 π-π 堆叠、氢键和疏水缔合的强相互作用，研发了一种高效乳化原油的体系。

该体系可以破坏重质组分的结构以及乳化作用来显著提高原油的采收率。

通常情况下，油水相具有一定的黏度差。因此，重力对 O/W 乳状液的性能相当敏感。油水相的黏度差越大，O/W 乳状液中油相液滴的上浮过程越快。在上浮过程中油相液滴的碰撞概率就会增大，聚并会较快地发生。此外，增加油相的占比可以在一定程度上减弱重力的影响。从经济角度考虑，油的浓度应越高越好，而油的黏度越低越好。但是当油相含量达到 70%～80%时，极有可能发生相变。一旦发生相变，O/W 乳状液便会转变为 W/O。在开发和输送过程中，应预测相转变的条件，以避免这种不良现象。事实上是不希望发生这种转变的，因为 O/W 乳状液的黏度通常高于油相黏度。研究者们对不同特性条件下 W/O 乳状液的黏度变化也进行了研究。Shi 等介绍了一种基于 Richardson 方程和 Taylor 方程计算油水乳状液黏度的方法，与现有的相关性相反，其提出的方法考虑了更多的因素，包括含水率、温度、剪切速率、油黏度和地层水等。

（3）稳定机制及影响因素

研究者们对 O/W 乳状液的稳定性进行了大量的研究。目前较为公认的是中油水乳状液的失稳主要由聚结引起。而 O/W 乳状液的聚结一般又分为 4 个阶段：通过吸引相互作用接触、油水膜破裂、乳化和絮凝。絮凝、奥斯特瓦尔德熟化和聚结是乳状液中水油相分离的主要原因。一方面，一旦液滴凝聚并变大，在重力的帮助下，系统的分散和连续相很容易分离。另一方面，奥斯特瓦尔德熟化导致直接相分离而不发生聚结。上述破乳过程如图 1.8 所示。液滴的碰撞和水动力相互作用会引发液滴絮凝，而液滴的运动速度是影响其絮凝的主要因素。絮凝是乳状液聚并的先决条件，只有液滴相互接触了，才能引发液滴的聚并。但是，絮凝是一个可逆的过程，当液滴间界面膜强度足够高时，液滴可能会再次分散。

乳状液液滴的粒径是影响其稳定性以及控制其失稳过程的重要因素。Djenouhat 等研究表明，乳状液的粒径越小、液滴越分散，乳状液的稳定性越强。同时，制备方法和配方也影响着 O/W 乳状液稳定特性。在制备过程中，搅拌速度越快，越有利于化学剂在油水界面上的吸附，以此制备形成的 O/W 乳状液粒径越低，其稳定性也就越强。Ng 等认为乳化时间也是影响 O/W 乳状液稳定性的重要因素。因为乳化时间决定了化学剂在油水界面膜上吸附的充分程度。化学剂在油水界面上的吸附越充分，形成的界面膜也就越稳定。但是，通常情况下，化学剂在油水界面上的吸附以及在水中的残余浓度会存在一定的平衡。所以化学剂的浓度对 O/W 乳状液的稳定性也尤为重要。化学剂的浓度越高，形成 O/W 乳状液的界面膜强度越强，越能提高乳液的抗聚结性。除此之外，油水比同样也扮演着重要的角色。油水比越高，O/W 乳状液的稳定性也越强。但是，乳状

液的类型取决于油水的比例。根据 Ostwald 研究得出的结论，在相体积大于
0.74 时，乳化液的堆积密度比最大。这意味着任何超过 0.74 的内部相体积都
必然导致转相或破裂。

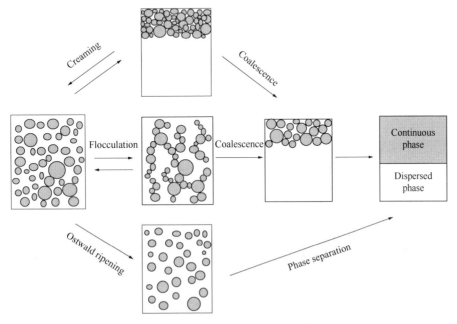

图 1.8　O/W 乳状液失稳过程示意图

　　表面活性剂的存在和体系中高稳定乳液的形成使得破乳过程无法进行或速度
很慢。化学剂的类型和结构对 O/W 乳状液的形成以及稳定有着决定性的影响。
化学剂在油水界面上的吸附可以通过降低界面张力、增加表面弹性、增加双电层
的斥力以及增加表面黏度来影响乳状液的稳定性。利用聚合物流度控制能力以及
表面活性剂的乳化能力，Chen 等合成了一种新型水溶性 VRA 体系，该体系具有
良好的乳化能力，同时由于其具有一定的黏度，使得形成的 O/W 乳状液具有较
高的稳定性。Liu 等对比研究了不用化学剂类型形成 O/W 乳状液的能力以及稳定
性。结果表明，不同化学剂形成的 O/W 乳状液的大小差异很大，但粒径较小、
黏弹性越强的 O/W 乳状液其稳定性越强。为了明确 O/W 乳状液的动力学失稳机
理，研究者们利用 Static Multiple Light Scattering(S-MLS)研究了 O/W 乳状液的粒
径增长及微观迁移规律。研究结果同样证明化学剂在油水界面上的吸附形态影响
着形成 O/W 乳状液的能力及性能。同时，粒径越低、黏弹性越强的O/W乳状液
其液滴间的聚并和运移过程越慢，稳定性越强。

　　多重光散射表征 O/W 乳状液失稳动态示意图，如图 1.9 所示。

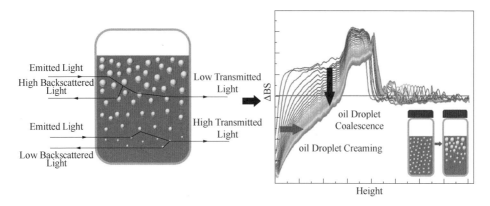

图 1.9　多重光散射表征 O/W 乳状液失稳动态示意图

1.7　存在问题

（1）缺少弹性颗粒与储层双向匹配选择的多孔介质运移封堵模型

虽然匹配系数可以定量表征弹性颗粒和储层的匹配关系，但是其最佳匹配范围受颗粒性能、物理模型以及主控封堵机制的综合影响。目前的研究多针对实验所用弹性颗粒，这也导致了不同学者获得的最佳匹配系数范围相差较大（0.3～1.5）。虽然大量的研究对弹性颗粒的宏观封堵效果和微观封堵机制有了一定的认识，但是目前无法实现颗粒与储层宏观与微观匹配关系的有机结合。同时缺少考虑颗粒弹性性能的、针对不同微观封堵机制建立的、能够对宏观运移压力进行预测的弹性颗粒多孔介质运移封堵模型。

（2）弹性分散流体扩大纵向和平面波及作用机理研究不够系统

目前研究人员对弹性分散流体的调驱机理认识一致，即疏水缔合聚合物可以通过高黏度实现流度控制，PPG 和微球可以优先封堵高渗层并通过弹性变形实现深部液流转向。但是目前的研究忽略了乳化在疏水缔合聚合物调驱过程中的重要作用，且针对 PPG 和微球调驱机理研究的实验模型单一，缺少从颗粒运移模式到孔喉选择性封堵，再到液流转向全过程的系统研究。同时，缺少从指进发生机制揭示弹性分散流体扩大平面波及机理的研究。

（3）缺少耐高温 CO_2 泡沫体系的构建及驱油与封存机理的深刻揭示

CO_2 泡沫驱是提高驱油和 CO_2 封存效果的有效措施，然而储层中高矿化度、高温、原油等复杂条件会显著降低泡沫体系性能，限制 CO_2-EOR 的协同作用。同时，目前研究主要集中在评估 CO_2 的封存能力，关于不同封存机制对 CO_2 封存贡献率的综合分析仍然缺乏。经济高效的耐高温 CO_2 泡沫体系研制和 CO_2 封存机理定量劈分是泡沫调驱辅助 CO_2-EOR 技术的两大难题。

第2章 疏水缔合聚合物调驱

2.1 静态性能评价

本文研究的疏水缔合聚合物为分子间交联聚合物(Intermolecular Association Molecular, IAM),由丙烯基丙三基醚(AGE)、丙烯酰胺(AM)、丙烯酸酯和烯丙基磺酸钠通过胶束聚合法合成。具体的合成流程为:配制 30mL 质量分数为 3%的亚硫酸氢钠溶液,在 350r/min 的搅拌和冷凝回流装置运行条件下倒入 250mL四颈烧瓶中,并恒温水浴加热至 80℃;利用聚四氟乙烯恒压漏斗按比例依次加入以下混合物:质量比为 5:1 的 AGE 和 BA 混合物 18g,质量浓度比为 1:3 的AM 和 SAS 混合溶液 32g[9.38%(质量分数)的 AM 溶于 0.5%(质量分数)的 SDS溶液中],质量浓度为 10%的过硫酸钠溶液。控制加药时间为 1h,恒温反应 4h后可合成 IAM。

根据 IAM 的合成过程可以确定其化学结构式如图 2.1 所示。为了进一步验证IAM 成功合成,需要对其进行傅里叶红外光谱测试(FT-IR)和核磁共振氢谱测试(^1H NMR)。

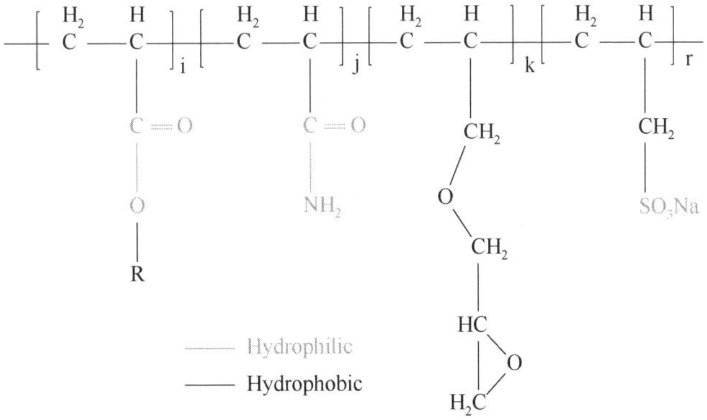

图 2.1　IAM 化学结构式

在有机物分子中,组成化学键或官能团的原子处于不断振动的状态,其振动频率与红外光的振动频率相当。利用傅里叶红外光谱仪扫描合成的聚合物,分子中的化学键或官能团振动吸收红外光，由于不同的化学键或官能团吸收频率不同，在红外光谱上将处于不同位置。理论上每一种官能团都对应着唯一的红外光谱吸收峰，可获得分子中含有的化学键或官能团种类。利用 KBr 压片法将 IAM 样品制作成透明薄片，置于锁式样品架上装入傅里叶红外光谱仪中。先后测试背景光谱和样品光谱，最终可获得并绘制 IAM 样品的红外光谱图如图 2.2 所示。

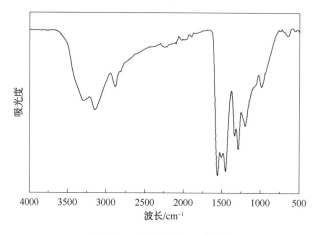

图 2.2　IAM 的 FT-IR 谱图

图 2.2 显示，$3288cm^{-1}$ 处为 NH_2- 的伸缩振动峰；$3142cm^{-1}$ 处为 C—H 的伸缩振动峰；$2256cm^{-1}$ 处为芳香族化合物的伸缩振动峰；$1660cm^{-1}$ 处为—C＝O 的伸缩振动峰；$1188cm^{-1}$ 处为 $-SO_3^{-}$ 的伸缩振动峰；$980cm^{-1}$ 处为 C—O—C 的伸缩振动峰。FT-IR 谱图结果显示 IAM 中含有醚键、磺酸根和氨基基团。

FT-IR 谱图能够确定聚合物的官能团种类，而 NMR 是确定其化学结构式的必要手段。原子核吸收外磁场的电磁波后可以从一个自旋能级跃迁到另一个自旋能级并产生相应的吸收波谱，根据波谱图上共振峰的位置、强度和细致结构可以研究分子结构。本文对 IAM 进行了核磁氢谱测试如图 2.3 所示，不同主键上的 H 具有不同的化学位移峰，可以明确 IAM 的化学结构。

图 2.3 显示，位于 1.0~1.2ppm 化学位移处的为—CH_3 和—CH_2— 的信号质子峰；位于 2.4~2.7ppm 化学位移处的信号质子峰分别对应于来自 AGE 的—CH_2—O— 和—CH—O—；位于 3.1~3.3ppm 化学位移处的小峰为来自 SAS 的—CH_2-SO_3；位于 4.1ppm 化学位移处的信号质子峰主要来源于 BA 的—$COOCH_2$；位于 6.8~7.0ppm 范围内的信号质子峰由 AM 的—CO—NH_2 的酰氨基产生。因此，结合 FT-IR 和 ^1H NMR 可以证明 IAM 的成功聚合。在确定 IAM 成功合成后需要对其静态性能进行评价。

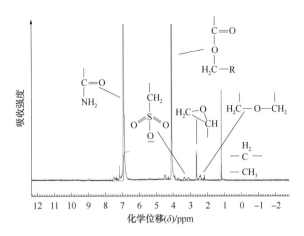

图 2.3　IAM 的 ^{1}H NMR 谱图

2.1.1　增黏性能

疏水缔合聚合物的增黏性能是其调整剖面的基础,在此利用布氏黏度计测试对比 IAM 和 HPAM 的黏浓关系曲线,并利用 Warring 搅拌器 3 档剪切聚合物溶液 1min 后重新测试体系黏度,明确二者的抗剪切性能;最后测试不同矿化度下溶液的黏度对比二者的耐盐性能。同时对比 IAM 和 HPAM 的微观 SEM 图片,可以从微观结构的角度揭示二者增黏性能差异的原因。

IAM 和 HPAM 的黏浓关系曲线如图 2.4(a)所示,当浓度低于 800mg/L 时 IAM 溶液的黏度与 HPAM 相近,当浓度增加到 1000mg/L 时 IAM 溶液的黏度显著升高,此时黏度升高主要是分子间缔合形成空间网络结构造成的。随着浓度的升高,聚合物溶液剪切后的黏度保留率逐渐降低,最终 HPAM 溶液稳定在 60% 以上,而 IAM 溶液则稳定在 70% 以上,抗剪切性能更强。

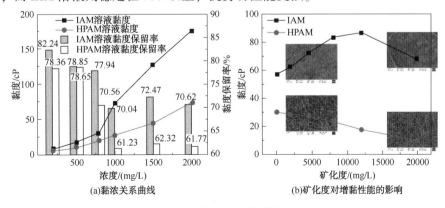

(a)黏浓关系曲线　　　　　　(b)矿化度对增黏性能的影响

图 2.4　IAM 和 HPAM 增黏性能对比

不同矿化度条件下 IAM 和 HPAM 的黏度曲线以及二者的 SEM 微观图片如图 2.4(b) 所示。HPAM 溶液的黏度随着矿化度的升高先缓慢降低后迅速降低，这是矿化度的增加压缩了聚合物分子的双电层，分子链由伸展、相互纠缠变为卷缩状态造成的。但同时矿化度的增加会导致水溶液极性增强，进一步促进 IAM 分子疏水基团的缔合，使其空间结构更加发育，因此 IAM 溶液具有更高的黏度。

2.1.2 热力学稳定性

聚合物类溶液的增黏性能是其改善流度比的根本机理，当其在典型储层温度（80~120℃）条件下长期存在时会发生降解，严重影响其扩大波及体积作用效果。在此采用热重分析仪对 IAM 重量损失率随温度的变化进行测试，取 10mg 样品粉末至于样品池内压平，在流速为 50mL/min 的氩气环境中进行测试，测试温度范围为 30~600℃。IAM 的热重曲线如图 2.5 所示，其主要分为三个失重段。第一失重段在 30~220℃ 范围内，失重率为 16.81%，主要是 IMA 分子表面和内部水分的蒸发造成的。第二失重段位于 220~460℃，失重率为 47.47%，主要是由 IAM 疏水侧链的分解引起的。第三失重段出现在 460℃ 以上，失重率为 3.39%，这与残留的碳渣分解和炭化有关。在典型的储层温度范围内 IAM 的失重率仅为 6.05%，可以适用于大多数油藏。

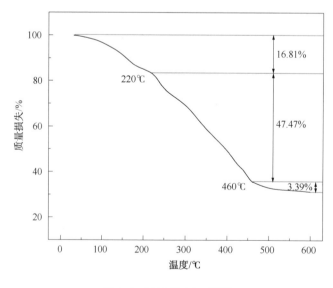

图 2.5　IAM 的 TGA 谱图

2.1.3 界面活性

本文采用旋转界面张力仪和自动界面张力仪联用的方式测试 IAM 溶液与原油的界面张力,绘制误差曲线如图 2.6 所示。随着 IAM 浓度的增加,油水界面张力逐渐降低至 10^{-1} mN/m,随后趋于稳定。IAM 分子链条中的活性基团可以在油水界面吸附使 IFT 降低,当达到饱和吸附后再增加 IAM 的浓度对 IFT 的影响变小。从 IAM 在油水界面吸附示意图可以看出当其浓度较低时,IAM 分子链多为分子内缔合,吸附在原油表面的疏水基团有限;IAM 的浓度增加后,逐渐以分子间缔合为主,同时浓度的增加也增加了吸附在原油表面的疏水基团数量;当 IAM 浓度进一步增加时,原油表面的疏水基团吸附饱和,再增加溶液浓度对界面张力的降低效果不明显。同时,IAM 的长链分子会限制原油表面吸附的疏水基团数量,无法像表面活性剂一样达到超低界面张力。IAM 的界面活性能够促进原油的分散以及乳状液的形成,这是 IAM 提高采收率的机理之一。

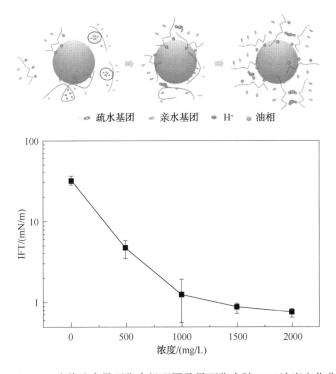

图 2.6 IAM 改善油水界面张力机理图及界面张力随 IAM 浓度变化曲线

2.1.4　黏弹性

疏水缔合聚合物具有一定的黏弹性，当剪切作用较强时，溶液表现出固体的弹性性能，可以有效波及盲端剩余油。利用哈克流变仪通过振荡模式对 IAM 的黏弹性进行测试，首先在 1Hz 振动频率下进行动态应力扫描确定合适的剪切应力为 0.1Pa，然后在频率为 0.01～10Hz 下进行黏弹性测试。在此测试了 2 种浓度 IAM 溶液的黏弹性曲线，如图 2.7 所示。储能模量（G'）和耗能模量（G''）决定了 IAM 溶液的黏弹性，其随着振动频率和浓度的增加而增大。在低频震动下，G''高于 G'，黏性在溶液中占主导地位；当振动频率进一步增加时，G' 逐渐高于 G''，弹性在溶液中占主导地位。G' 等于 G'' 时对应的频率分别为 0.36Pa 和 1.668Pa，说明浓度较高的 IAM 溶液具有较强的黏弹性。

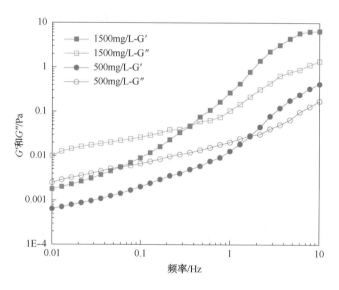

图 2.7　IAM 的黏弹性曲线

2.1.5　水动力学特征尺寸

聚合物类溶液的水动力学特征尺寸用于表征其在水溶液中形成水化层后占有的微观水动力学尺寸，采用微孔滤膜法进行测试，如图 2.8 所示。将一定浓度的 IAM 溶液置于容器中，在固定气压 0.1MPa 下通过一系列尺寸的滤膜，测试滤出液的黏度保留率。绘制黏度保留率随滤膜尺寸的变化曲线，拐点处所对应的滤膜尺寸即为该溶液的水动力学特征尺寸。

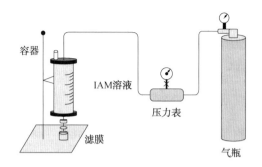

图 2.8　微孔滤膜法测试水动力特征尺寸实验示意图

对比 IAM 和 HPAM 的水动力学特征尺寸等值线图，如图 2.9 所示。可以发现随着 IAM 溶液浓度增加等值线逐渐出现拐点，超过该浓度后微孔滤膜尺寸增加，滤出液的黏度保留率仍保持恒定且相对较低。该点所对应的浓度即为聚合物分子的临界缔合浓度，分子间大量缔合后产生复杂的空间结构，大幅增加了聚合物聚集体的分子尺寸。IAM 的临界缔合浓度为 1000mg/L，此时滤出液黏度保留率为 30%；HPAM 不存在临界缔合浓度，滤出液黏度保留率随着滤膜尺寸增加而增加。

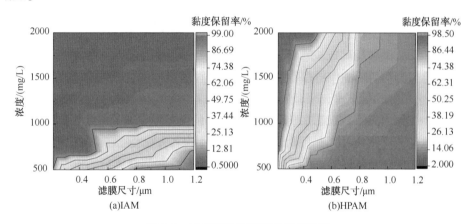

图 2.9　滤出液黏度保留率等值线图

聚合物的空间结构是其分子水动力学特征尺寸的决定因素，分子间缔合可形成更加广泛且相对稳定的分子间结构，增加聚合物分子尺寸，增加其在多孔介质中的运移阻力。为了明确不同浓度 IAM 和 HPAM 溶液的水动力学尺寸，绘制了滤出液黏度保留率随滤膜尺寸变化曲线，如图 2.10 所示。对拐点前后两段线段分别拟合并求取拐点对应的滤膜尺寸，即为相应浓度下的水动力学特征尺寸，如表 2.1 所示。在相同浓度下 IAM 的水动力学特征尺寸明显高于 HPAM，这也是疏水缔合聚合物能够有效增加渗流阻力的原因之一。IAM 的水动力学特征尺寸可以用作评价其与储层匹配关系的基础，本文将在 2.2 节中以水动力学特征尺寸为依据建立 IAM 与储层匹配关系的评价新方法。

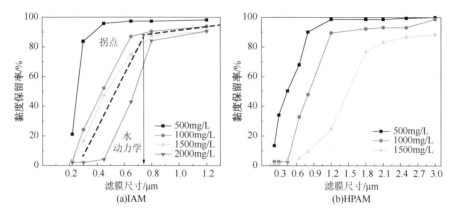

图 2.10　滤出液黏度保留率随滤膜尺寸变化曲线

表 2.1　不同浓度 IAM 和 HPAM 溶液的水动力学特征尺寸　　　　　μm

聚合物溶液浓度/（mg/L）	500	1000	1500	2000
IAM	0.65	1.10	1.80	2.34
HPAM	0.30	0.45	0.65	0.81

2.2　储层匹配模型

IAM 改善剖面的主控动态性能为其与储层的匹配性，通常采用人造岩心进行评价，通过计算注入过程中的阻力系数和残余阻力系数获得 IAM 与储层的匹配关系。但是由于疏水缔合聚合物空间网络结构发育，其注入压力在注入量达到 4PV 后仍没有平稳的趋势。本节将以岩心驱替产出液黏度保留率为指标，建立 IAM 与储层的匹配模型。

2.2.1　IAM 岩心注入性及储层匹配模型建立

利用长 30cm、直径 3.8cm 的人造圆柱岩心开展 IAM 溶液注入性实验以及 HPAM 溶液的注入性对照实验。实验流程为：①将岩心烘干后置于岩心夹持器中，利用手摇泵施加 4MPa 的围压；②利用真空泵抽真空 2h 后自吸饱和模拟水 4h，记录吸入水体积，计算孔隙度；③按照图 2.11（a）所示连接实验流程，利用 ISCO 泵进行恒速水驱，记录稳定压力并利用达西定律计算水测渗透率；④配制浓度为 5000mg/L 的 IAM 和 HPAM 母液，在实验前利用模拟地层水稀释至目标浓

度并利用布氏黏度计测试其黏度;⑤利用 ISCO 泵恒速注入聚合物至注入量达到
4PV,记录聚合物驱替过程的压力变化,同时收集产出液并每隔一定时间测试产
出液的黏度,计算黏度保留率;⑥拆卸实验流程,清理岩心夹持器等设备,整
理、分析实验数据。实验在恒温55℃的恒温箱中进行,注入速度为0.3mL/min。共
进行 2 种岩心渗透率,3 种 IAM 和 HPAM 溶液浓度下的注入性实验,具体的实验
方案如表2.2所示。

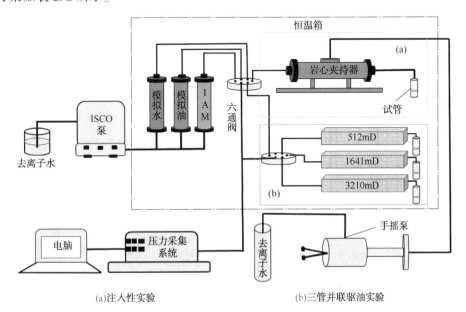

(a)注入性实验 (b)三管并联驱油实验

图 2.11 IAM 驱替实验流程

表 2.2 IAM 和 HPAM 注入性实验方案

序号	渗透率/mD	岩心长度/cm	岩心直径/cm	聚合物	浓度/(mg/L)
1	311.1	29.8	2.51		500
2	305.7	29.9	2.51		1000
3	322.9	30.1	2.52	HPAM	1500
4	714.9	29.8	2.49		1500
5	736.4	30.2	2.49		500
6	746.0	30.0	2.48	IAM	1000
7	723.4	29.7	2.51		1500

　　HPAM 溶液的产出液黏度保留率曲线如图 2.12(a)所示,其值整体较高,且
随着聚合物注入量的增加逐渐趋于稳定,黏度保留率在注入量为 4PV 时可达
80%以上。而 IAM 溶液的产出液黏度保留率曲线如图 2.12(b)所示,其值整体较

低，在注入量达到 2PV 后开始明显升高，最终黏度保留率受浓度影响较大。

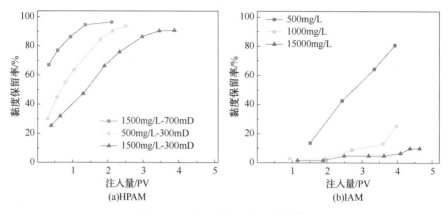

图 2.12　产出液黏度保留率曲线

HPAM 和 IAM 产出液黏度保留率曲线形态差异较大，但其数值及曲线的增长率均随着溶液浓度增大和岩心渗透率的降低而降低。HPAM 和 IAM 产出液黏度保留率曲线整体呈"S"形曲线变化，可以利用 Logic 曲线对其进行表征，如公式 2.1 所示。决定 Logic 曲线形态的是公式中的参数 a 和参数 b，而影响产出液黏度保留率的因素主要包括聚合物的滞留情况及其水动力学特征尺寸，在此将二者引入公式 2.1 建立聚合物黏度保留率预测模型。

$$\eta = \frac{1}{\frac{1}{\mu} + a^{PV}b} \tag{2.1}$$

$$a = f\left(\frac{d_p}{d_c}\right) \tag{2.2}$$

$$d_c = 2\sqrt{\frac{8K}{\varphi}} \tag{2.3}$$

$$b = f\left(\frac{1000d_p}{c} \times \frac{d_p}{d_c}\right) \tag{2.4}$$

式中，η 为采出液黏度保留率，%；μ 为区间限定系数，在此处为 100,%；a 为吸附滞留系数，表征聚合物溶液在岩心中的吸附滞留效应，定义为聚合物溶液分子的水动力学特征尺寸与岩心孔喉尺寸之比如公式 2.2 所示；b 为分子尺寸系数，与溶液浓度相关，定义为聚合物分子尺寸与浓度之比与系数 a 的乘积；d_p 为聚合物分子水动力学特征尺寸，μm；d_c 为岩心孔喉平均尺寸如公式 2.3 所示，μm；K 为岩心有效渗透率，D；φ 为岩心孔隙度，%；c 为聚合物溶液的浓度，mg/L。

其中系数 b 与聚合物分子结构有关，为了使公式 2.1 适用于 IAM 溶液需要定义缔合度来对系数 b 进行修正。缔合度即为缔合聚合物分子形成空间结构的程度，定义为相同浓度下缔合聚合物与普通聚合物水动力学特征尺寸之比，如公式 2.5 所示。修正后的分子尺寸系数如公式 2.6 所示。

$$\zeta = \frac{d_{\mathrm{ps}}}{d_{\mathrm{p}}} \tag{2.5}$$

$$b' = \zeta \times b \tag{2.6}$$

式中，ζ 为缔合度；d_{ps} 为 IAM 溶液的水动力学特征尺寸，$\mu\mathrm{m}$；b' 为修正后的分子尺寸系数。

2.2.2 IAM 储层匹配模型验证

公式 2.1～2.6 建立了表征岩心驱替过程 IAM 产出液黏度保留率的预测模型，但是模型中的系数 a 和 b 是与聚合物水动力学特征尺寸和浓度相关的函数，无法直接获取。在此以 HPAM 溶液为标准，利用 Matlab 对表 2.2 中#1～#4 实验结果进行拟合，结果如图 2.13 所示，获得相应的系数 a 和系数 b。绘制系数 a 和系数 b 关于 $d_{\mathrm{p}}/d_{\mathrm{c}}$ 的关系曲线并回归出公式 2.2 和公式 2.4 的具体表达形式，如图 2.14 所示。最终利用公式 2.5 和公式 2.6 对公式 2.4 进行修正，便可得到适用于 IAM 岩心驱替过程中产出液黏度保留率的计算模型。

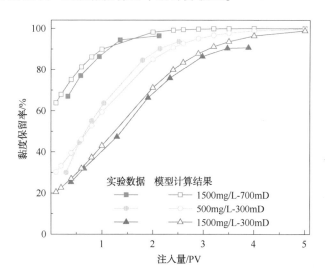

图 2.13 HPAM 注入性实验产出液黏度保留率实验结果与拟合结果对照

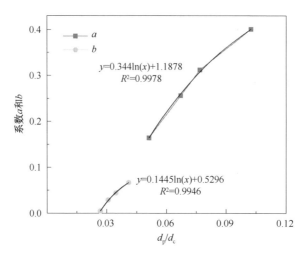

图 2.14　HPAM 注入性实验系数 a 和系数 b 的回归曲线

根据表 2.2 所列实验方案可计算上述产出液黏度保留率模型的关键参数如表 2.3 所示，其中聚合物水动力学特征尺寸 d_p 由表 2.1 获得；岩心孔喉尺寸 d_c 由公式 2.3 计算获得。

表 2.3　HPAM 和 IAM 注入性实验的黏度保留率模型参数

序号	渗透率/mD	浓度/（mg/L）	$d_p/\mu m$	$d_c/\mu m$	ζ	a	b
1	311.1	500	0.30			0.166	0.026
2	305.7	1000	0.45	5.86	1	0.305	0.043
3	322.9	1500	0.65			0.431	0.091
4	714.9	1500				0.286	0.030
5	736.4	500	0.65	8.94	2.17	0.286	0.189
6	746.0	1000	1.10		2.44	0.467	0.241
7	723.4	1500	1.80		2.77	0.636	0.324

通过表 2.3 中的系数 a 和系数 b 可以利用产出液黏度保留率模型计算实验#5～#7注入过程产出液的黏度保留率，并与实验结果进行对比如图 2.15 所示。图 2.15 显示模型计算结果与实验数据变化趋势相同，具有良好的拟合效果。同时可以发现，当 IAM 浓度为 500mg/L 时，采出液的黏度保留率可达 80%以上。这一结果与 IAM 的增黏机理和黏弹性相对应，当 IAM 浓度较低时分子间缔合较弱，注入性较强。但当其浓度大于 1000mg/L 时，超过了 IAM 溶液的临界缔合浓度，分子间缔合占据优势导致分子尺寸明显增大、产出液黏度保留率明显降低，这也体现了修正系数 b' 的重要性。

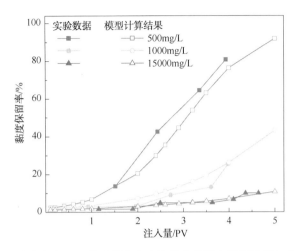

图 2.15　IAM 溶液在岩心驱替过程中产出液黏度保留率模拟结果与实验结果对照

　　在此，将注入量为 4PV 时对应的黏度保留率作为 IAM 溶液与储层匹配程度的划分依据：黏度保留率低于 20% 时，IAM 与储层匹配性为注入困难；黏度保留率大于 80% 时，IAM 与储层匹配性为流动顺利；当黏度保留率介于二者之间时，IAM 与储层匹配性为流动困难。

2.3　储层应用条件

　　在获得 IAM 与岩心的匹配关系后，利用三根岩心并联模型模拟储层的非均质性进行驱油实验。通过改变 IAM 溶液的浓度来改变其与高渗层的匹配关系，通过计算分流率和剖面改善率来研究 IAM 与储层匹配关系对其扩大波及体积、提高采收率的影响。方形人造岩心尺寸为 4.5cm×4.5cm×30cm，有效渗透率分别约为 500mD、1500mD 和 3000mD，渗透率级差为 6。

　　实验流程为：①将岩心烘干后置于岩心夹持器中，利用手摇泵施加 4MPa 的围压；②利用真空泵抽真空 2h 后自吸饱和模拟水 4h，记录吸入水体积，计算孔隙度；③利用 ISCO 泵进行恒速水驱，记录稳定压力并利用达西定律计算水测渗透率；④按照图 2.11（b）所示连接实验流程，利用 ISCO 泵向饱和水的岩心中注入原油至无水采出，记录产出水体积即为饱和油体积，并计算含油饱和度；⑤将岩心夹持器置于 55℃ 恒温箱中老化 2d；⑥配制浓度为 5000mg/L 的 IAM 和 HPAM 母液，在实验前利用模拟地层水稀释至目标浓度并利用布氏黏度计测试其黏度；⑦利用 ISCO 泵进行恒速驱油实验，记录各层的产液及注入压力变化情况；⑧拆卸实验流程，清理岩心夹持器等设备，整理实验数据。实验在 55℃ 恒温箱中进行，注入速度为 1.0mL/min，具体的实验参数及实验方案如表 2.4 所示。

表 2.4　IAM 与高渗层在不同匹配关系下的并联岩心驱油实验方案

序号	渗透率/mD	孔隙度/%	孔喉尺寸/μm	饱和油量/mL	IAM 浓度/(mg/L)
1	512	0.23	8.44	101.4	500
	1541	0.25	14.04	109.8	
	3247	0.26	19.99	117.9	
2	539	0.23	8.66	98.7	1000
	1475	0.25	13.74	108.6	
	3314	0.26	20.20	120.3	
3	519	0.23	8.50	100.6	1500
	1598	0.25	14.30	107.6	
	3147	0.26	19.68	118.1	

根据表 2.4 的实验参数按照 2.2.2 节中产出液黏度保留率预测模型计算各参数如表 2.5 所示。按照 2.3 节中规定的匹配标准可知，500mg/L 的 IAM 溶液可以在渗透率为 1541mD 和 3247mD 的岩心中顺利流动，1000mg/L 的 IAM 溶液可以在 3314mD 的岩心中顺利流动，而 1500mg/L 的 IAM 溶液在 1598mD 和 3147mD 的岩心中均流动困难。故以上三组并联驱替实验具有一定的代表性，即第一组为 IAM 溶液在高、中渗层均可顺利流动；第二组为 IAM 溶液仅在高渗层顺利流动，在中渗层中流动困难；第三组则为 IAM 溶液在中高渗层中均为流动困难。改变高渗层与 IAM 溶液的匹配关系，通过提高采收率效果对 IAM 的应用参数进行优化，获得基于储层匹配关系的 IAM 浓度设计方法。

表 2.5　驱油实验方案中 IAM 与各层岩心的匹配关系

浓度/(mg/L)	渗透率/mD	d_p/d_c	a	b	b'	4PV 时产出液黏度保留率/%	匹配性
500	512	0.08	0.31	0.20	0.43	72.77	流动困难
	1541	0.05	0.13	0.12	0.27	99.22	顺利流动
	3247	0.03	0.01	0.07	0.16	99.99	顺利流动
1000	539	0.13	0.48	0.25	0.60	24.25	流动困难
	1475	0.08	0.32	0.18	0.44	68.87	流动困难
	3314	0.05	0.19	0.12	0.30	96.49	顺利流动
1500	519	0.21	0.65	0.33	0.92	5.62	注入困难
	1598	0.13	0.47	0.26	0.71	21.69	流动困难
	3147	0.09	0.37	0.21	0.58	49.16	流动困难

3 组实验的高渗层分流率、采收率以及各层提高采收率如图 2.16 所示，可用于评价 IAM 的驱油效果。当 IAM 浓度为 500mg/L 时，高渗层的分流率略有下降，在后续水驱阶段急剧上升至接近 100%，剖面改善效果较差，最终提高采收率仅为 7.71%。当 IAM 浓度增加到 1000mg/L 时，高渗层的分流率下降幅度更大，保持稳定的时间更长，在后续水驱阶段回升到水驱结束时的水平。此时，IAM 具有明显的剖面改善效果，可以在后续水驱阶段保持剖面改善作用，最终提高采收率 13.81%。当 IAM 浓度进一步提高到 1500mg/L 时，由于 IAM 在高渗层中流动困难，注入压力迅速升高，迫使 IAM 溶液更多地转向中低渗层。高渗层分流率下降幅度进一步增大且持续时间延长，在后续水驱阶段高渗层分流率依然低于水驱结束时的水平，最终提高采收率达到 17.69%。因此，可以得出结论，当 IAM 与中高渗层的匹配关系为"流动困难"时，可以获得更高的 EOR 效果。

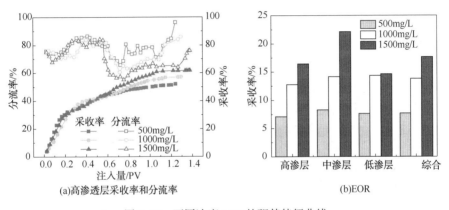

图 2.16　不同浓度 IAM 的驱替特征曲线

为了进一步比较不同浓度 IAM（即与高渗层具有不同的匹配关系）的剖面改善效果，绘制了 3 组实验的剖面改善率曲线如图 2.17 所示，可以看出，IAM 浓度越高，剖面改善率越高，调整储层非均质性的效果越好。当 IAM 浓度为 500mg/L 时，剖面改善率波动变化说明其对高渗层封堵效果差，在较大压力梯度下可再次运移。IAM 驱后期剖面改善率略有下降，但当浓度高于 1000mg/L 时，剖面改善率可达 50% 以上，具有良好的调驱效果。

从图 2.16(a) 和图 2.17 可以看出，IAM 与高渗层的匹配关系是改善剖面的关键。当 IAM 能够在高渗层中顺利流动时，大部分溶液仍然沿着水驱优势通道流动，剖面改善效果差。当 IAM 溶液在高渗透层中的流动受到限制时会产生更高的渗流阻力，从而有效增加驱替压力，扩大波及体积。IAM 能够进入低渗层而不会造成明显的堵塞，这主要归因于其分子间缔合的非均匀性。IAM 首先在水溶

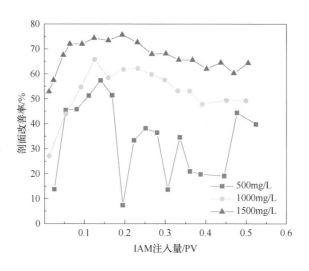

图 2.17　不同浓度 IAM 驱油实验的剖面改善率曲线

液中形成分子内缔合，随着浓度的增加，逐渐形成分子间缔合结构。这种缔合结

(a)500mg/L　(b)1000mg/L　(c)1500mg/L

图 2.18　IAM 溶液进入非均质储层的过程

构具有一定的非均质性，同时存在较大的空间网络聚集体和不完全缔合的小分子团。当浓度相对较低时，大部分 IAM 分子团进入高渗层如图 2.18(a)所示，注入压力相对较低；当浓度增加时，IAM 溶液仍能在高渗层中顺利流动，尽管注入压力增加使各层波及范围扩大，但低渗层波及范围仍远小于高渗层，如图 2.18(b)所示。当浓度进一步增加至 IAM 溶液在高渗层中流动困难时，较高的注入压力将再次缩小各层波及范围的差异，如图 2.18(c)所示。

但是较高的注入压力具有损害现场设备等技术问题，因此，综合考虑 IAM 扩大波及体积效果和注入能力，当采出液的黏度保留率在 40%～60% 时，可以获得最佳的应用效果。

2.4 调驱机理

2.4.1 实验材料及方法

(1) 实验流体

实验用水为模拟地层水, 矿化度为 9374.13mg/L; 实验用油为脱气脱水原油与煤油混合的模拟油, 黏度为 30mPa·s; 所用调驱体系主要包括 IAM 溶液及其乳状液, 以及 HPAM 溶液, 具体参数如表 2.6 所示。其中 IAM 乳液是将 IAM 溶液与模拟油按照体积比 1:1 混合后利用均相仪分散制成的。

表 2.6 弹性分散流体性能参数

化学体系	浓度/(mg/L)	黏度/(mPa·s)	密度/(g/cm³)	粒径/μm	界面张力/(mN/m)
IAM	1000	72.34	1.30	1.10	1.25
IAM 乳液	1000	74.59	/	/	/
HPAM	1000	27.60	1.30	/	30.27

(2) 微流控芯片

为了研究 IAM 的微观扩大波及体积、提高采收率效果, 基于真实岩心孔喉结构设计了常规砂岩模型, 包括一种尺寸的颗粒, 如图 2.19 所示。通过对比微流控驱油过程可以研究 IAM 封堵优势通道、扩大波及体积的作用效果以及微观剩余油的动用机制。

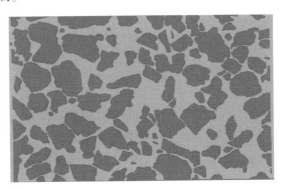

图 2.19 常规砂岩微流控模型(10mm×6mm)

(3) 实验方案

利用图 2.19 中的常规砂岩模型进行 IAM 及对照聚合物驱油实验, 具体的实验方案如表 2.7 所示。

表 2.7 IAM 微观驱替实验方案

序号	模型	调驱体系	驱替流程
1	常规砂岩模型	HPAM	200mbar 水驱+300mbar 化学体系驱+400mbar 化学体系驱+
2	常规砂岩模型	IAM	500mbar 化学体系驱+600mbar 化学体系驱+600mbar 后续
3	常规砂岩模型	IAM 乳液	水驱

IAM 恒压驱替微观驱油实验流程如图 2.20 所示。实验流程主要为：①利用真空泵对模型抽真空 2h；②利用注射泵为模型注射饱和油；③利用恒压驱替泵先后进行水驱、IAM/HPAM 驱以及后续水驱，其中水驱阶段注入压力恒定为 200mbar；聚合物驱阶段压力分别恒定为 300mbar、400mbar、500mbar 和 600mbar，当注入流体波及范围无变化时即升高压力；后续水驱替阶段压力恒定为 600mbar；④利用 CCD 相机拍照记录实验过程图片，利用 Matlab 和 PhotoShop 对图像进行后处理，对比分析注入流体波及范围的变化。此外，由于 IAM 可以在驱替过程中乳化原油，乳化调驱增溶是其提高采收率的重要机理。在有限的微流控芯片中难以实现乳化，在此考虑注入人工分散的乳液模拟储层深部乳液运移增溶、扩大波及的过程。因此，在本部分中还需进行 IAM 乳液驱油微观实验，由于乳液中含有油相，在此仅对其运移过程中的扩大波及体积机理进行研究，不对最终的采收率进行分析。

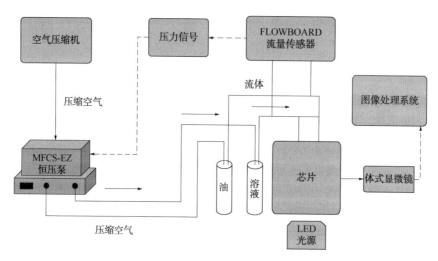

图 2.20 IAM 恒压驱替微观驱油实验流程图

2.4.2 IAM 扩大波及机理

HPAM、IAM 以及乳液驱的动态流量曲线及各压力阶段对应的流量曲线如

图 2.21 所示。图 2.21(a)显示注入化学体系后，流量迅速下降后趋于稳定，且随着注入压力的逐渐增加，流量呈阶梯式上升，后续水阶段流量迅速上升。图 2.21(b)表明注入流量随 HPAM 和 IAM 的注入压力呈线性增加，且 HPAM 的斜率明显高于 IAM，说明 IAM 可以在多孔介质内产生更大的渗流阻力。IAM 乳液的注入流量随注入压力呈指数增加，具有更强的增阻能力和扩大波及体积潜力。

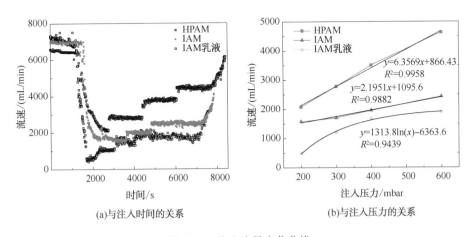

(a)与注入时间的关系   (b)与注入压力的关系

图 2.21　注入流量变化曲线

HPAM 和 IAM 的微观驱油过程如图 2.22 所示，不同颜色区域代表不同驱油阶段动用的原油，可以清楚地看出 IAM 驱具有更大的最终波及面积。图 2.22(a)中深蓝色区域面积较大，而图 2.22(b)中各颜色区域面积相近，说明 IAM 在注入初期便能获得较好的 EOR 效果，而 HPAM 的作用周期更长。将 IAM 和 HPAM 驱替每个压力阶段对应的 EOR 值汇总如表 2.8 所示。IAM 驱提高采收率的主要贡献阶段是低压驱替阶段，而当压力增加到 500mbar 时 EOR 显著下降。相反，HPAM 驱在注入初期的 EOR 仅为 4.24%，远低于 IAM 的 19.77%。但随着注入压力的增加，提高采收率值先增加后逐渐降低，每个注入压力阶段数值接近。由图 2.21(a)可以看出，IAM 的优势在于相同的压力梯度下推进速度缓慢，延长了前缘突破前的有效作用时间。

表 2.8　不同驱替阶段 EOR 效果　　　　　　　　　%

	水驱 200mbar	IAM 驱 300mbar	IAM 驱 400mbar	IAM 驱 500mbar	IAM 驱 600mbar	EOR
IAM	41.46	19.77	12.27	6.38	3.12	41.54
HPAM	38.15	4.24	10.72	9.13	7.24	21.33

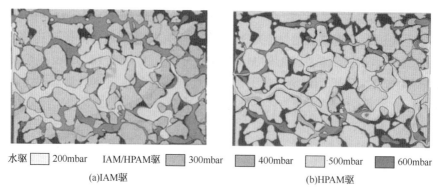

水驱 □ 200mbar　IAM/HPAM驱 ▨ 300mbar　■ 400mbar　▨ 500mbar　■ 600mbar

(a)IAM驱　　　　　　　　　　　　　(b)HPAM驱

图 2.22　HPAM 和 IAM 的微观驱油过程

图 2.23 显示了 IAM 和 IAM 乳液的驱油机理。IAM 溶液微观驱油机理包括 3 个方面：①通过增黏和黏弹性扩大波及体积，如图 2.23(a)虚线框所示，主要作用于孔喉剩余油和未波及区域的剩余油；②降低油水界面张力，如图 2.23(a)黑色实线框所示，可以将原油像条带一样剥离和拉扯，主要作用于膜状剩余油；③IAM 经过长时间驱替后，其分子会聚集形成旋涡，在孔喉处剥离原油，如图 2.23(a)白色实线框所示，主要作用于角落处的水动力滞留剩余油。此外，IAM 形成乳液后具有以下 3 个方面的驱油机理：①乳液液滴在孔喉处暂时堆积堵塞，扩大波及体积；②乳液液滴在大孔道壁面形成滞留，增溶油膜的同时减少流动面积、增加渗流阻力；③乳液液滴聚集成大油膜，形成乳液局部泡状聚集体，增加渗流阻力。

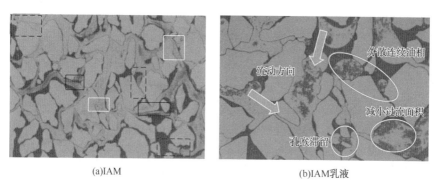

(a)IAM　　　　　　　　　　　　　(b)IAM乳液

图 2.23　微观驱油机理

乳液液滴难以在孔喉和壁面形成稳定的滞留，但会发生动态堆积和滞留，如图 2.24 所示。图 2.24(a)显示乳液液滴同样会沿着水驱优势通道窜流，但是其可以在孔喉中不断滞留和积聚，并与原壁面上的油膜逐渐融合，如图 2.24(b)~(c)所示。最后，当油膜积聚到一定体积时会被携带采出，并再次重复上述过程，如图 2.24(d)所示。乳液液滴聚集后的大油膜可以产生更高的渗流阻力。由图 2.21(a)可以看出，注入乳液后的真实流量低于注入 IAM 后的真实流量，且每次增压后随着注入时间的延长，流量略有下降。这也表明，注入乳液后液滴的动态溶解可以在孔喉处产生较大的渗流阻力，并且会随着乳液注入量的增加而逐渐增加。

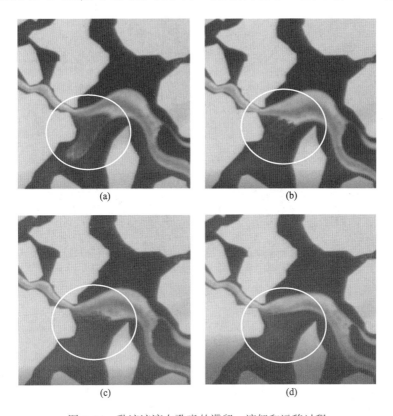

图 2.24 乳液液滴在孔喉的滞留、溶解和运移过程

同时，乳液液滴的聚集会形成囊泡，将连续驱替相分成多个段塞，延缓流体新波及区域优势通道的形成。新波及区域原油未被波及，阻力大，流速低，乳状液通过孔喉时被截断形成囊泡，如图 2.25(a)和(b)所示；形成的囊泡在多孔介质内继续运移，增加流动阻力，如图 2.26(a)和(b)所示；囊泡最终会与驱替相聚并形成连续通道，如图 2.26(c)和(d)所示，此过程中优势通道的生成延迟，驱替相再次向未波及区域侵入，扩大波及体积，如图 2.26(d)所示。在已经存在的优势通道内，囊泡的聚集和运移可以将孔喉壁面上的油膜挤压、剥离和携带采出，从而提高波及区域的驱油效率，如图 2.26(e)~(g)所示。优势通道内的囊泡主要是乳液在高速通过孔喉处被截断形成的，如图 2.25(c)和(d)所示。

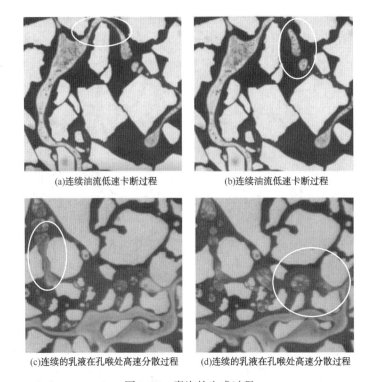

(a)连续油流低速卡断过程   (b)连续油流低速卡断过程

(c)连续的乳液在孔喉处高速分散过程   (d)连续的乳液在孔喉处高速分散过程

图 2.25 囊泡的生成过程

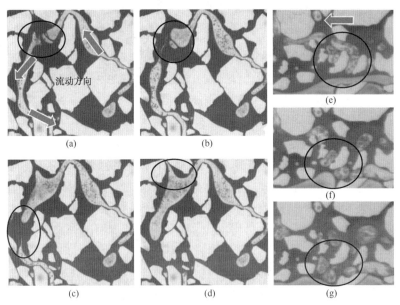

(a)~(d)为囊泡延缓优势通道的形成，(e)~(g)为囊泡剥离油膜过程

图 2.26 乳液囊泡提高采收率机理

第3章 聚合物微球调驱

3.1 静态性能评价

聚合物微球(Micro-gel，MG)由反相乳液聚合法制备，制备流程如图3.1所示：①将脂肪烃类分散介质及分散稳定剂(Span80/Tween80)按比例加入四口反应烧瓶中，在恒温40℃水浴及氮气环境下搅拌均匀。②将丙烯酸(AA)、2-丙烯酰胺-2-甲基丙磺酸(AMPS)和丙烯酰胺(AM)等单体以及交联剂 N,N'-亚甲基双丙酰胺(MBA)按比例溶解。利用氢氧化钠溶液调节 pH 值至7，并利用氮气排氧15min。向体系中加入一定浓度的过硫酸铵-亚硫酸氢钠(质量比1：1)引发反应。③将步骤②反应后的溶液匀速滴入步骤①中的四口反应烧瓶，整个加药过程持续10~15min，加药完成后升温引发单体聚合。全程反应4h后关闭水浴加热并冷却至室温，在此过程中利用恒速搅拌器全程搅拌溶液，恢复室温后停止搅拌并静置1h。④利用无水乙醇(或丙酮)洗涤反应溶液并过滤烘干得到 MG 干粉。MG 无

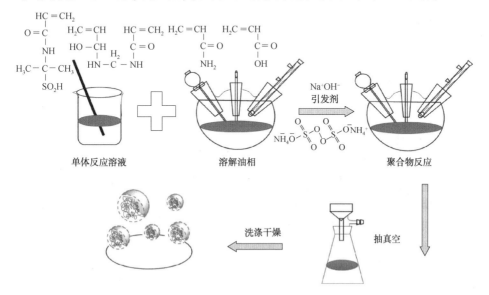

图 3.1　MG 合成过程示意图

毒、无腐蚀性、不易燃易爆。在此通过改变分散稳定剂的用量控制微球的粒径，获得三种初始粒径的微球分别为 MG-1、MG-2 和 MG-3。

图 3.2 为 MG 样品的红外光谱图，在 3421.6cm⁻¹处出现的宽峰是 N—H 键在聚合物分子中的不对称特征峰；2929.7cm⁻¹和 1603.9cm⁻¹处的峰分别为 C—H 键和 C＝O 键的特征峰；分子中 O＝S＝O 键在 1197.6cm⁻¹和 1047.9cm⁻¹处产生双峰。因此，MG 颗粒成功实现了 AM 与 AMPS 的聚合。在确定 MG 成功合成后需要对其静态性能进行评价。

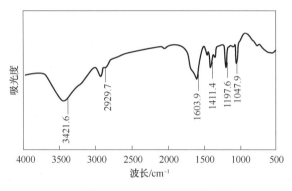

图 3.2 MG 红外光谱图

3.1.1 MG 微观形貌及初始粒径

MG 溶于水后快速膨胀，其初始粒径需要采用 SEM 图像识别技术进行测试。将三种粒径的 MG 分别取样分散于酒精中，滴于硅片上进行冷冻干燥制成观测样本，使用 SEM 观察其微观形态并识别颗粒粒径。MG 的微观形貌如图 3.3 所示，可以发现三种 MG 均为规则的球状，粒径分布较均匀。通过图像识别及统计分析，获得三种微球的初始粒径分别为 MG-1 10μm、MG-2 6μm 和 MG-3 3μm。

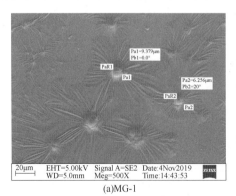

(a)MG-1   (b)MG-2

图 3.3 三种粒径 MG 的 SEM 图像

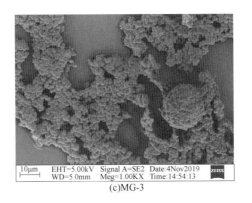

(c)MG-3

图 3.3　三种粒径 MG 的 SEM 图像(续)

　　三种 MG 溶于水后吸水膨胀，此时 SEM 烘干过程会影响颗粒的形貌，因此采用体式显微镜进行观察如图 3.4 所示，可以发现三种 MG 吸水后仍为规则的球状，表面光滑。微球吸水后体积明显膨胀变大，粒径分布范围较广，但总体较为均匀。

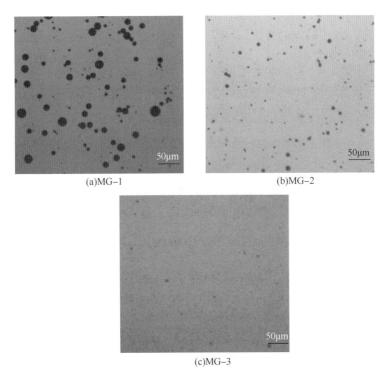

(a)MG–1　　　　　　　　　　　　　(b)MG–2

(c)MG–3

图 3.4　三种粒径微球吸水膨胀后微观形貌

3.1.2 吸水体膨胀性能

利用激光粒度仪测试三种 MG 吸水膨胀过程的粒径变化，可以发现 MG 的中值粒径在吸水膨胀 3d 后便基本保持恒定，如图 3.5 所示。MG 粒径呈正态分布，主峰前后有小幅度的峰值，这是微球存在一定的聚集现象导致的。图 3.3 和图 3.4 中同样可以发现分散流体会以较大粒径颗粒为中心聚集的现象，聚集体的粒径变大，影响颗粒的注入性，因此需要对其分散稳定性进行评价。

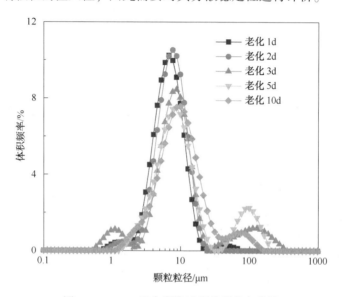

图 3.5 MG-3 吸水膨胀过程粒径分布曲线

三种粒径微球吸水膨胀倍数曲线如图 3.6 所示。可以发现三种微球的膨胀倍数分别为 4.01 倍、3.52 倍和 2.76 倍。微球的初始粒径越大，吸水能力越强，而微球吸水膨胀后的弹性是其在孔喉中变形通过、深部运移的基础。

3.1.3 黏弹性

MG 颗粒分散溶液的黏弹性难以测试，因此采用 Anton Paar 流变仪测试相同配方下本体凝胶的黏弹性代表 MG 颗粒的黏弹性。测试流程如 2.1 节所述，MG-2 和 MG-3 对应的本体胶弹性模量和黏性模量曲线如图 3.7 所示。可以发现在震动频率为 $0.1\sim10Hz$ 的范围内 G' 远远大于 G''，整体胶弹性性能占主导。在测试范围内取 G' 的平均值可以获得 MG-2 的弹性模量约为 23Pa，MG-3 的弹性模量约为 65Pa。

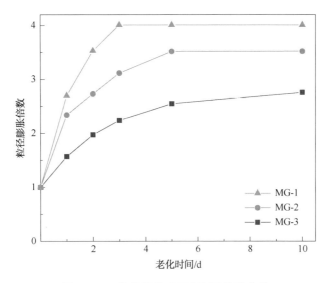

图 3.6　三种粒径微球吸水膨胀倍数曲线

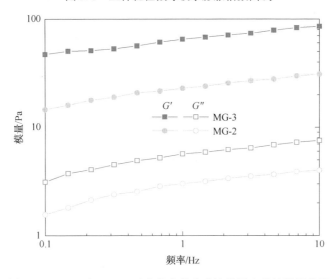

图 3.7　MG-2 和 MG-3 对应的本体胶弹性模量和黏性模量曲线

3.1.4　分散稳定性

微球的分散性是保证其注入地层深部的重要条件，在此采用激光粒度仪测试三种 MG 在水溶液中的分散性。分别配制三种微球水溶液并分成两等份，其中一份利用电子搅拌器搅拌分散，另一份利用超声波分散，并分别测试粒径分布曲线如图 3.8 所示。超声分散对 MG 粒径分布曲线形态影响很小，说明其具有良好的分散性，只需要在一定的搅拌作用下便可有效分散。

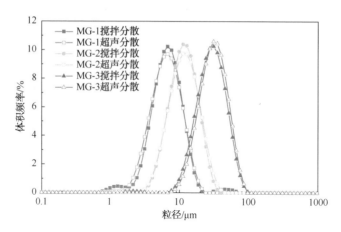

图 3.8　三种粒径 MG 超声波分散前后粒径分布曲线

　　激光粒度仪粒径测试可以明确 MG 的分散性，但 MG 分散体系长期静置后易沉淀分层，需要对其分散稳定性以及再次分散性进行评价。在此利用 Zeta 电位仪测试 MG 溶液的 Zeta 电位，取静置不同时间的 MG 溶液的上层清液以及静置后再次搅拌分散的溶液分别进行 Zeta 电位测试，如图 3.9 所示。静置后的 MG 溶液的上层清液 Zeta 电位随着老化时间先迅速降低后维持稳定，Zeta 电位值明显低于30mV。这是因为 MG 溶液老化时间增长，颗粒吸水膨胀变大后发生沉淀（图3.10），上层清液中带电的微球数量明显降低；再次搅拌后，溶液的 Zeta 电位可以恢复至接近老化前的水平，说明 MG 具有良好的再分散性能。

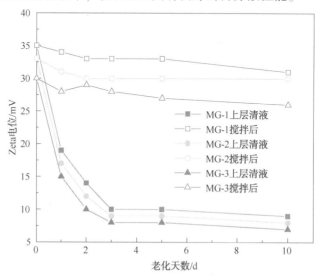

图 3.9　三种粒径 MG 老化后上层清液和搅拌后的 Zeta 电位

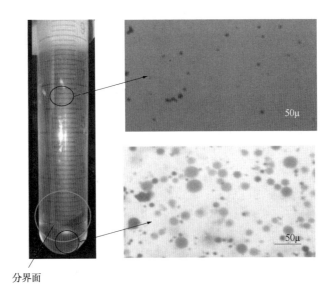

分界面

图 3.10 MG 溶液静置分层

3.2 储层运移封堵模型

聚合物微球扩大波及体积的主控动态性能为其与储层的匹配性，通常采用人造岩心进行评价。通过记录驱替过程中注入压力的变化以及渗透率降低率评价聚合物微球和储层的匹配关系，并利用二者的匹配系数进行表征。但是 MG 溶液为固液分散体系，颗粒会在岩心注入端形成滤饼导致渗透率测试出现误差。因此本节通过多测压点长岩心注入性实验划分了 5 种微球宏观运移模式，明确了不同粒径 MG 与储层的最佳匹配系数范围；基于微流控可视化实验总结了 4 种 MG 微观封堵机理；根据赫兹弹性接触理论建立了 MG 颗粒在多孔介质内的运移封堵模型，将宏观运移模式与微观封堵机理联系起来。本节实验和模型研究明确了 MG 在多孔介质内的运移模式、封堵机制以及影响因素，为其与储层的双向匹配选择提供了有效的理论和数据支撑。

3.2.1 宏观运移封堵模式

聚合物微球在油藏中成功应用的关键在于能运移到储层深部并实现一定强度的封堵，在此通过多测压点长岩心驱替实验对 MG 的注入能力和深部运移封堵能力进行评价。实验流程为：①将直径 2.5cm、长 30cm 的人造岩心装入带有两个中间测压点的岩心夹持器中，抽真空 2h 后自吸饱和水 4h；②按照图 3.11(a)连接实验流程，利用 ISCO 泵进行恒速水驱，记录稳定压力并利用达西定律计算水测渗透率；③配制目标浓度的 MG 溶液并吸水膨胀后，装入带有搅拌装置的活塞容器中；④利用 ISCO 泵进行 MG 溶液驱替实验以及后续水驱替实验。实验在恒温 55℃ 的恒温箱中进行，注入速度为 0.2mL/min，记录实验全程的注入压力。实验采用 MG-2 和 MG-3 进行，二者分别开展 7 种和 5 种渗透率岩心的注入性实验，具体的实验参数及实验方案如表 3.1 所示。

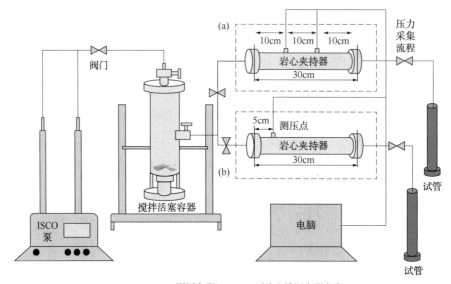

(a)三测压点岩心　　(b)近注入端压力测点岩心

图 3.11　MG 驱替流程

表 3.1　MG 注入性实验方案

序号	微球膨胀后/尺寸/μm	注入速度/(mL/min)	浓度/(mg/L)	匹配系数	渗透率/×10⁻³μm²	孔隙度/%	长度/cm	直径/cm
1	MG-2 20.1	0.2	1000	1.86	872.9	0.24	30.1	2.51
2				1.57	1222.0	0.24	30.1	2.51
3				1.34	1745.7	0.25	30.0	2.52
4				1.16	2444.0	0.26	29.9	2.49
5				1.04	3055.0	0.26	29.8	2.50
6				0.93	4073.3	0.28	30.1	2.51
7				0.78	6073.3	0.31	30.2	2.49
8	MG-3 8.3			1.18	355.5	0.24	30.0	2.50
9				0.85	678.9	0.24	30.1	2.50
10				0.73	914.7	0.24	30.1	2.51
11				0.58	1518.3	0.25	30.2	2.51
12				0.37	3775.4	0.25	29.9	2.50

在此定义微球中值粒径与孔喉中值尺寸的比值为匹配系数，如公式 3.1 所示。微球的中值粒径通过激光粒度仪测试获得，而孔喉中值尺寸利用毛管束模型计算获得。

$$\theta = \frac{d_{\mathrm{MGs}}}{d_c} \tag{3.1}$$

式中，θ 为 MG 与储层匹配系数；d_{MGs} 为 MG 中值粒径，μm；d_c 为岩孔喉直径，μm。

岩心中间测压点存在压力梯度说明微球能够运移至此处，并产生一定的封堵。后续水驱替过程微球会被稀释、冲刷携带出岩心，使微球的封堵效果变差。岩心渗透率越大，微球越容易进入岩心并实现深部运移，同时微球的封堵强度也会变差。通过对比分析表 3.1 中微球注入性实验结果，可以将压力曲线形态分为五类，如图 3.12 所示。第一类是端面堵塞型(#1、#2 和#8)。大部分微球均堵塞在岩心的入口端，难以进入岩心内部，注入压力很高，但中间测压点无压力梯度。此时 MG 的粒径大于储层的孔喉平均尺寸，匹配系数大，匹配性差。第二类是局部运移、强封堵型(#3)，如图 3.12(a)所示。微球在较高的注入压力下可以进入岩心并逐渐运移，但是微球的运移速度很慢，注入量达到 2PV 后第二测压点才产生压力梯度。后续水驱替阶段，注入压力及第一测压点压力均无明显下降，说明微球在后续水的冲刷下同样难以运移，封堵强度很高。此时微球的粒径略大于储层的孔喉平均尺寸，匹配系数在 1.3 左右，匹配性较差。第三类是深部运移、强封堵的最佳匹配型(#4~#6)，如图 3.12(b)所示。微球在一定的注入压力下可以实现深部运移，随着匹配系数的降低，中间测压点产生压降，所需的注入量逐渐降低，微球运移能力增强。后续水驱替阶段，注入压力缓慢降低，封堵强度较高。此时微球粒径约等于储层的孔喉平均尺寸，匹配系数在 1.0 左右，匹配效果最佳。第四类是深部运移、弱封堵型(#7、#9~#11)，如图 3.12(c)所示。微球在较低的注入压力下便可以实现深部运移，中间测压点起压较早，运移能力强。后续水驱替阶段，注入压力显著降低，封堵强度较差。此时微球粒径小于储层的孔喉平均尺寸，匹配系数在 0.6~1，匹配效果较好。第五类是直接通过型(#12)，如图 3.12(d)所示。微球注入过程中压力很低，微球可以顺利地实现深部运移，但无法实现有效的深部封堵。后续水驱替阶段，注入压力显著降低，封堵强度差。此时微球粒径远小于储层的孔喉平均尺寸，匹配系数在 0.3 左右，匹配效果差。

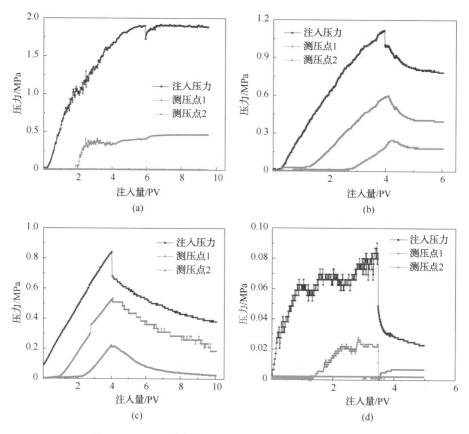

图 3.12　MG 四种宏观运移封堵模式对应的压力曲线形态

由图 3.12 可知，微球注入后一旦发生封堵便可产生较高的封堵率，计算发现岩心各段的封堵率均能达到 90% 以上。所以此时通过封堵率对微球与储层的匹配性进行判定存在不足。在此综合考虑微球的深部运移能力和封堵强度，优选二者的最佳匹配范围，其中封堵强度定义为后续水驱替增压值与注入微球结束时的增压值百分比（增压值为该阶段与水测压力的差值）。两种粒径的 MG 在岩心三个测压点处的封堵强度如图 3.13 所示，可以发现岩心深部的封堵强度逐渐降低，且同一粒径微球的封堵强度随匹配系数的变小而降低。

图 3.13(a) 显示随着匹配系数增加，MG-2 微球的封堵强度呈两段式变化。匹配系数增加时，微球在保证深部运移的前提下各段的封堵强度均增强；当匹配系数增加到一定程度后，微球深部运移能力变差，无法实现岩心深部封堵，中间测压点的封堵强度逐渐变为 0，而注入端的封堵强度达到 100%。以同时保证微球具有一定的封堵强度并且深部运移为依据，将第三段岩心的封堵强度大于 40%

定为微球与储层的匹配标准,则可以判定 MG-2 微球与储层的最佳匹配系数范围在 1~1.2。而当匹配系数在 1.2~1.4 时,第三段岩心封堵强度为 0,但是第二段岩心的封堵强度大于 0,即微球能够运移到储层的一定深度,故此时定义为强封堵区间。

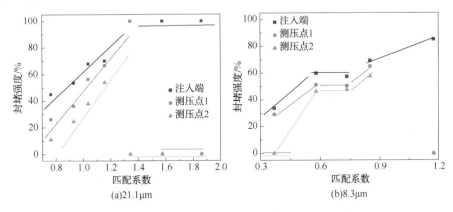

图 3.13　两种微球的封堵强度随匹配系数的变化

图 3.13(b)显示,随着匹配系数增加,MG-3 微球的封堵强度呈三段式变化。当匹配系数为 0.3 时,三段岩心的封堵强度均低于 40%;当匹配系数增加到 0.6 的过程中,MG-3 的封堵强度迅速增加,出现了第一段封堵率上升段;匹配系数在 0.5~0.9 范围内时,MG-3 微球的封堵强度较为稳定且略有上升,微球在此处主要通过架桥原理对孔喉进行封堵;匹配系数继续增加到 1 以上时,微球很难实现深部运移,后两段岩心的封堵强度均为 0,注入端封堵强度迅速增加。MG-3 的最佳匹配系数范围较 MG-2 低,一方面是由于 MG-3 的吸水膨胀倍数小于 MG-2 的 3.52,其弹性变形能力较差;另一方面 MG-3 适用的渗透率降低,储层的孔喉连通性变差、喉道对孔喉平均尺寸起主导作用,增加了微球的运移难度。因此,不同粒径的微球由于其自身性能差异以及应用的储层物性范围差异,导致其与储层的最佳匹配系数范围不同。对于粒径小于 8.3μm 的微球其与储层的最佳匹配系数范围为 0.5~0.9;对于粒径大于 21μm 的微球其与储层的最佳匹配系数范围为 0.9~1.2,而强封堵范围为 1.2~1.4,弱封堵范围为匹配系数小于 0.9。

3.2.2　微观运移封堵机理

MG 宏观注入性实验结果表明微球与孔喉的匹配关系与其粒径有关,不同粒径的微球在孔喉处均可产生适当的封堵。粒径较小的微球封堵强度较低,粒径较大的微球则需要在较高的压力下方可通过变形实现深部运移。在此利用微流控技术直观获得 MG 在多孔介质中的运移规律及封堵机理，实验流程如图 3.14 所示。通过对比不同粒径微球(MG-1，42.5μm 和 MG-2，21.1μm)在孔喉处的封堵机理，明确封堵强度差异的原因。

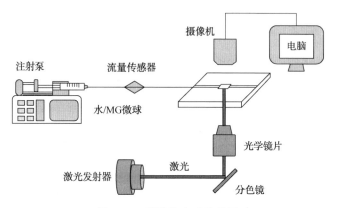

图 3.14　微流控实验流程图

　　MG 的微观封堵机理主要包括非均匀架桥封堵和多颗粒滞留封堵[图 3.15(a)]、排列封堵[图 3.15(b)]和单颗粒直接封堵[图 3.15(c)]。非均匀架桥封堵是几个粒径不均一的颗粒在孔喉处的封堵：首先，小微球通过优势渗流通道并吸附在喉道壁面，然后，较大粒径的微球在与吸附的小微球接触时流动阻力增加，逐步形成滞留封堵；多颗粒滞留封堵是多个小微球因水动力学滞留造成的优势通道封堵；排列封堵是指多个粒径较均匀的微球在狭长的喉道处排列滞留，形成封堵；单颗粒直接封堵可以实现优势通道孔隙和喉道的同时封堵。

　　MG-3 的封堵强度低于 MG-2，这说明小微球形成的非均匀架桥封堵强度要低于大微球的直接封堵。在微流控实验中同样发现了这一现象，图 3.16(a)～(d)为同一孔喉位置处微球封堵情况的动态变化，该处存在三条渗流通道 i、j、k。图 3.16(a)中 j 通道是明显的优势通道，注入流体携带微球不断经过，并形成了如图 3.16(b)～(d)所示的三种封堵形式。图 3.16(b)和(c)均为非均匀架桥封堵，其中图 3.16(b)存在三种粒径差距明显的微球，每一个微球均小于该处的孔喉尺寸，封堵效果最差；图 3.16(c)只存在两种粒径差别明显的微球，大球与孔喉尺寸相当，但最终仍然无法长时间封堵；图 3.16(d)只存在一种粒径大于孔喉尺寸的微球，经过长时间的冲刷仍然能够有效封堵。虽然三种情况下微球的封堵机理和封堵强度不同，但均能实现暂时的液流转向作用，使渗流通道 i 和 k 成为主要流动通道，扩大波及体积。

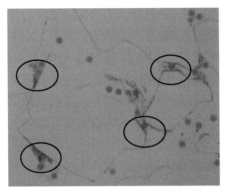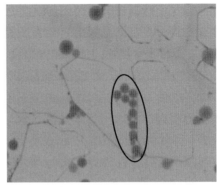

(a)非均匀架桥封堵和多颗粒滞留封堵　　　　(b)排列封堵

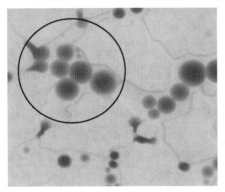

(c)单颗粒直接封堵

图 3.15　MG 微观封堵机理

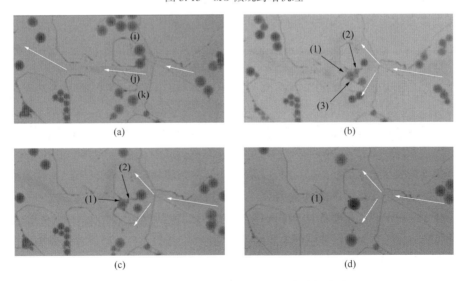

图 3.16　非均匀架桥封堵和单颗粒直接封堵对比

大粒径微球的封堵强度大，但同时会对其深部运移能力产生负面影响。这就需要微球通过自身的弹性，在封堵产生的高压力梯度下变形通过孔喉进一步运移。MG 微球具有良好的弹性和变形恢复能力，其挤过注入端并进入孔喉的过程如图 3.17 所示，可以发现 MG 能够变形通过粒径约为自身尺寸 1/3 的喉道。

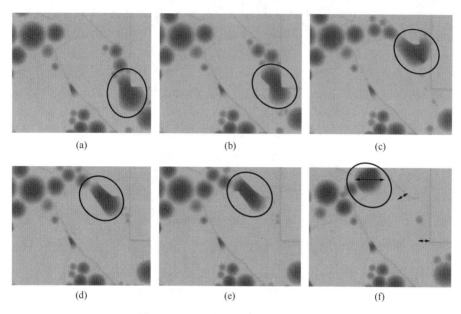

图 3.17　MG 弹性变形通过孔喉过程

微球粒径的不均匀分布是其深部运移、多机理封堵的有利条件，同时良好的弹性也是微球适用于不同物性油藏的必要条件。

3.2.3　基于弹性接触理论的 MG 运移封堵模型

3.2.1 节明确了 MG 的宏观运移封堵模式，3.2.2 节阐明了 MG 的微观运移封堵机理。通过对实验现象的分析可以发现二者揭示的规律具有良好的一致性，本节以赫兹弹性接触理论为基础，依据不同的微观运移封堵机制建立不同形式的理论模型用于计算微球的注入压力，并通过宏观运移封堵模式对模拟结果进行验证，最终实现 MG 宏观运移封堵模式与微观运移封堵机制的有机结合。

（1）MG 多孔介质内流动阻力分析

MG 颗粒在多孔介质内主要受到径向力（驱动力、摩擦力）、垂向力（重力和举升力），以及颗粒与颗粒、颗粒与多孔介质间的表面力（范德华力、静电力）作用。颗粒粒径以及其与多孔介质尺寸的相对大小均影响着其运移过程中的主控力，在此分以下两种情况进行讨论，如图 3.18 所示。

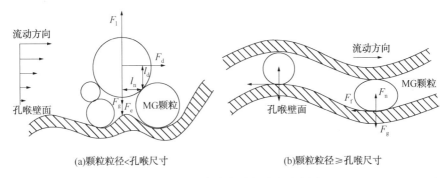

图 3.18　MG 多孔介质内受力示意图

当颗粒的粒径小于孔喉尺寸时，如图 3.18(a)所示，其会在多孔介质表面滞留堆积，此时颗粒的合力矩为 0(公式 3.2)。为了简化计算，在此假设多孔介质孔隙度和渗透率不变，颗粒产生的附加阻力是由运动颗粒造成的，即流体曳力的反作用力。曳力的计算如公式 3.3 所示。当颗粒粒径较大时，颗粒发生弹性变形，或者通过 2~3 个颗粒架桥在喉道处发生封堵。此时颗粒重力以及由于弹性变形在壁面造成的正压力将产生摩擦力，成为其流动阻力的主要来源。此时可将流动过程简化为毛细管内的流动如图 3.18(b)所示，颗粒的摩擦力如公式 3.4 所示。下文将建立数学模型，通过计算曳力和摩擦力明确 MG 运移过程中产生的流动阻力。

$$F_l l_n + F_d l_d = F_g l_n + F_e l_n \tag{3.2}$$

式中，F_l、F_d、F_g、F_e 分别为举升力、曳力、重力和表面力，N；l_n 和 l_d 分别为纵向力和轴向力的力矩，m。

$$F_d = 3\pi\mu d\upsilon \times 10^6 \tag{3.3}$$

式中，μ 为流体黏度，mPa·s；d 为微球粒径，μm；υ 为流体流动速率，m/s。

$$F_f = (F_g + F_N)f \tag{3.4}$$

式中，F_f 和 F_N 分别为摩擦力和法相压力，N；f 为摩擦系数。

（2）Hertz 弹性接触理论

Hertz 接触理论最早由赫兹针对齿轮咬合处的接触应力提出，用于计算两个相互接触挤压的弹性体在接触面处的应力。由弹性力学可知，当一对轴线平行的圆柱体相接触并受压力作用时，将由线接触变为面接触，如图 3.19(a)所示，其接触面为一狭长矩形，在接触面上产生接触应力，并且最大接触应力位于接触区中线上，可由公式 3.5 进行计算。

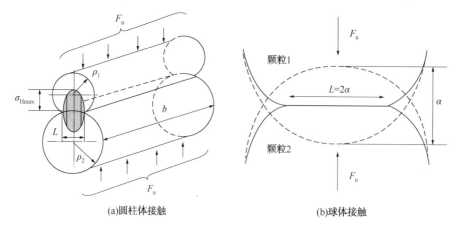

(a)圆柱体接触   (b)球体接触

图 3.19　赫兹弹性接触理论

$$\sigma_{Hmax} = Z_E \sqrt{\frac{F_n}{L\rho_\varepsilon}} \tag{3.5}$$

$$Z_E = \sqrt{\frac{1}{\pi\left(\dfrac{1-\mu_1^2}{E_1} + \dfrac{1-\mu_2^2}{E_2}\right)}} \tag{3.6}$$

$$\rho_\varepsilon = \frac{\rho_1\rho_2}{\rho_1+\rho_2} \tag{3.7}$$

式中，σ_{Hmax}，接触面最大接触应力，MPa；F_n，法向力，N；L，接触长度，mm；ρ_ε、ρ_1、ρ_2 分别为综合曲率半径、圆柱 1 和圆柱 2 的半径，mm；Z_E 为材料弹性系数，$MPa^{1/2}$；E_1 和 E_2 分别为两种接触材料的弹性模量，MPa；μ_1 和 μ_2 为接触两材料的泊松比。

当两个球体沿球心连线方向挤压时，其接触面为一圆形如图 3.19(b)所示，公式 3.4 同样适用。由公式 3.6 和公式 3.7 可知，求解颗粒变形产生的阻力关键在于求得其接触面积 A 以及不同粒径颗粒的弹性模量等性能参数。图 3.19(b)中给出了两球体接触面的示意图，其中 L 为接触面的直径，可依据公式 3.8~公式 3.10 计算。

$$L = 2\sqrt{\alpha R^*} \tag{3.8}$$

$$\alpha = R_1 + R_2 - |r_1 - r_2| \tag{3.9}$$

$$R^* = \frac{R_1 R_2}{R_1 + R_2} \tag{3.10}$$

式中，α 为法相重叠量；R^*、R_1 和 R_2 分别为接触两颗粒的有效半径和两颗粒的半径，mm；r_1 和 r_2 是两颗粒的球心位置矢量，mm。

两个球体接触面的接触应力为球体分布，即沿着两个球心连线处接触应力最大为 σ_{Hmax}，并沿着接触面半径向外逐渐降低，最终在接触面边缘处接触应力为 0，故接触面上的平均接触应力为：

$$\sigma_H = \frac{\pi}{6} \sigma_{Hmax} \qquad (3.11)$$

式中，σ_H 为最大平均接触应力，MPa。

（3）弹性颗粒在多孔介质内运移阻力模型

公式 3.4 左侧乘以接触面积即为接触面的法相应力，等式两端分别平方后简化可得 1 个颗粒在接触面产生的法相应力为：

$$F_N = \frac{Z_E^2 A^2}{LR^*} \times 10^6 \qquad (3.12)$$

式中，F_N 为颗粒对壁面的正压力，MPa；A 为接触面积，mm^2。

对于弹性颗粒在等效毛管束内的运移阻力 F_f 可以等效为颗粒与壁面的摩擦阻力（公式 3.13），即颗粒弹性变形作用下法向应力与重力的合力产生的摩擦力：

$$F_f = F_N f \qquad (3.13)$$

而单根毛细管内产生的阻应力为：

$$P^* = \frac{F_f}{\pi \left(\dfrac{r}{10^6} \right)^2} \qquad (3.14)$$

则毛管束整体的阻应力为：

$$P = P^* n \eta \qquad (3.15)$$

$$n = \frac{3}{4} \times \frac{CV}{\pi R^3 \rho} \times 10^3 \qquad (3.16)$$

$$N = A_c \phi / \pi r^2 \qquad (3.17)$$

式中，P^* 为单根毛管内压力降，MPa；P 为总压力降，MPa；n 为微球水溶液中微球个数，个；N 为毛细管数量，个；η 为增阻系数；R 为微球平均半径，cm；ρ 为微球水溶液密度，g/cm^3；C 为微球水溶液的浓度，mg/L；V 为微球水溶液体积，L；A_c 为岩心横截面积，cm^2；ϕ 为岩心孔隙度；r 为毛细管半径，cm。

根据 MG 粒径与毛管束内径的关系并结合 3.2.2 中 MG 微观运移封堵机理可以将颗粒在管内的挤压分为四种类型：单个颗粒的封堵、两个颗粒的架桥封堵、三个颗粒的架桥封堵以及多颗粒滞留封堵，其与毛管束内壁的接触形式如图 3.20 所示。

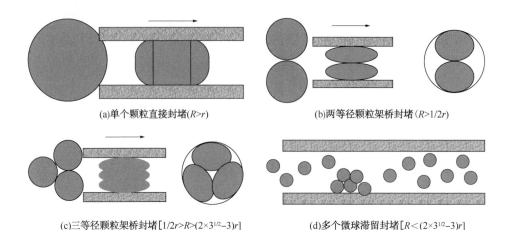

(a)单个颗粒直接封堵($R > r$) (b)两等径颗粒架桥封堵($R > 1/2r$)

(c)三等径颗粒架桥封堵$[1/2r > R > (2 \times 3^{1/2} - 3)r]$ (d)多个微球滞留封堵$[R < (2 \times 3^{1/2} - 3)r]$

图 3.20 MG 颗粒变形封堵形式

按照上述四种封堵类型对其接触面面积进行计算。其中图 3.20(a)中单个微球在毛细管中的变形相当于单个微球和无限大球体的挤压，变形后的微球简化为两个半球和一个圆柱，接触面积为圆柱侧面积。接触面积和接触长度计算公式如公式 3.18 和公式 3.19 所示。

$$L = \frac{\left[4/3 \times \pi (R^3 - r^3)\right]}{\pi r^2} \tag{3.18}$$

$$A = \frac{2\pi r L}{10^6} \tag{3.19}$$

图 3.20(b)中两个等径微球在孔喉内挤压变形，微球接触压力即为壁面压力，通过球心位置矢量计算变形量并最终获得接触面积和接触长度如公式 3.20~公式 3.22 所示。

$$\alpha = 2R - r \tag{3.20}$$

$$L = 2\sqrt{(2R - r) \times \frac{R}{2}} \tag{3.21}$$

$$A = \pi \left(\frac{L}{2000}\right)^2 \tag{3.22}$$

图 3.20(c)中三个等径微球在孔喉内挤压变形，微球接触压力即为壁面压力，同样通过球心位置矢量计算变形量并最终获得接触面积和接触长度如公式 3.23~公式 3.25 所示。

$$\alpha = 2R - 2(2\sqrt{3} - 3)r \tag{3.23}$$

$$L = 2 \sqrt{\left[2R - 2\left(2\sqrt{3} - 3\right) R \right] \times \frac{R}{2}} \tag{3.24}$$

$$A = \pi \left(\frac{L}{2000}\right)^2 \tag{3.25}$$

图 3.20(d)所示的多个颗粒滞留封堵则直接采用流体曳力计算公式 3.26 计算颗粒的流动阻力。

$$F_d = 6\pi\mu R v \times 10^6 \tag{3.26}$$

式中，μ 为流体黏度，$mPa \cdot s$；R 为颗粒半径，m；v 为相对运动速度，m/s。

(4) 不同封堵模式下运移阻力相关系数确定

弹性颗粒在注入过程中会在端面形成滤饼，且颗粒粒径越大滤饼形成越严重。弹性颗粒产生的附加压力梯度主要由两部分组成：端面的滤饼阻力以及多孔介质内部的运移阻力。上文建立的模型是针对颗粒在多孔介质内部运移产生的附加阻力，因此增阻系数 κ（公式 3.29）需要考虑两个因素，即颗粒进入多孔介质的概率以及颗粒封堵的概率。在此定义颗粒进入率 λ（公式 3.27）以及架桥率 ξ（公式 3.28）。

$$\lambda = \left(n_1/N\right)^{1/m} \tag{3.27}$$

$$\xi = \left(1/2\right)^m \tag{3.28}$$

$$\kappa = \lambda \xi \tag{3.29}$$

式中，κ 为增阻系数；λ 为微球进入率（单个封堵、两等径和三等径微球时，$m=1, 2, 3$）；ξ 为微球架桥率（单个封堵时 $\xi=0$，两等径和三等径微球架桥封堵时，$m=2, 3$）。

而对于多个小颗粒的封堵主要考虑颗粒粒径与毛细管尺寸的相对大小（公式 3.31）以及颗粒与流体的相对运动速度。

$$\kappa = \Gamma \Delta \tag{3.30}$$

$$\Gamma = \frac{1}{\left(R/r\right)^3} \tag{3.31}$$

式中，Γ 为微球滞留系数（滞留的微球不再产生曳力）；Δ 为微球与流体相对运动速度系数，与注入流体速度相关。

根据以上模型内容可以最终确定不同封堵形式下，弹性 MG 颗粒的运移阻力计算公式，如表 3.2 所示。

表 3.2 MG 运移封堵模型参数计算公式

封堵形式	直接封堵	两颗粒架桥封堵	三颗粒架桥封堵	多颗粒封堵
压力	$$F_n=\dfrac{\dfrac{A^2}{\pi\left(\dfrac{1-\mu_1^2}{E_1}+\dfrac{1-\mu_2^2}{E_2}\right)}}{2\sqrt{(R_1+R_2-\lvert r_1-r_2\rvert)\times\dfrac{R_1R_2}{R_1+R_2}\times\dfrac{R_1R_2}{R_1+R_2}}}$$			$F_d=6\pi\mu Rv\times10^6$
L	$L=\dfrac{[4/3\times\pi(R^3-r^3)]}{\pi r^2}$	$L=2\sqrt{(2R-r)\times\dfrac{R}{2}}$	$L=2\sqrt{[2R-2(2\sqrt{3}-3)R]\times\dfrac{R}{2}}$	/
A	$A=\dfrac{2\pi rL}{10^6}$	$A=\pi\left(\dfrac{L}{2000}\right)^2$	$A=\pi\left(\dfrac{L}{2000}\right)^2$	/
系数	$\lambda=(n_1/N)^{1/m}$，$\xi=(1/2)^m$ m 为有效封堵的颗粒个数			$\kappa=\lambda\xi$ $\kappa=\Gamma\Delta$

（5）MG 聚能运移模式

对于室内实验，无论是宏观的岩心模型还是微观的微流控模型，弹性颗粒在由管线的非限制性空间进入多孔介质的过程中，都会存在注入端的堆积滞留效应。为了获得弹性颗粒在多孔介质内部的有效运移压力，需要明确其进入多孔介质的运移模式。在此通过人造岩心以及微流控芯片对上述问题进行研究。

将渗透率为 3.1D 的人造砂岩岩心切割成 0.5cm、2cm 和 5cm 厚的小片，利用搅拌活塞容器将配置好的 MG 溶液恒速注入岩心片中，记录注入压力。将 2cm 和 5cm 厚岩心的注入端和采出端分别取样进行 SEM 观察；利用恒速驱替泵将经过甲基蓝染色的 MG 溶液恒速 5μL/min 注入微流控芯片中，利用体式显微镜实时获取实验图像，并利用压力传感器记录驱替过程中的压力（图 3.21）。

三种岩心薄片分别先恒速 0.2mL/min，再降低至 0.1mL/min 注入 MG 溶液，注入压力分为两大段如图 3.21 所示。三组实验在注入 MG 的初期，注入压力迅速升高，并在 15min 左右突然降低，之后保持线性上升。这是由于注入的 MG 颗粒最初都堆积在了岩心端面，压力迅速上升，当压力达到一定程度后，弹性颗粒逐渐进入岩心中，压力降低。溶液中的弹性颗粒数量大，岩心容纳其进入的数量有限，大量的颗粒在靠近岩心注入端的一小段距离堆积。在此假设岩心端面外部的胶状物以及岩心端面内部大量颗粒堆积的一小段岩心均为滤饼层，其可以产生一定的渗流阻力。可以发现当岩心片的厚度为 0.5cm 和 1cm 时，改变速度后注入压力与时间的曲线斜率基本一致，大约为 1.8kPa/min。这说明当厚度小于 1cm时，岩心段均为滤饼段，弹性颗粒堆积产生的附加压力梯度与时间直接相关，而与注入量无关。当厚度为 0.5cm、注入时间达到 260min 时，注入压力达到平衡，

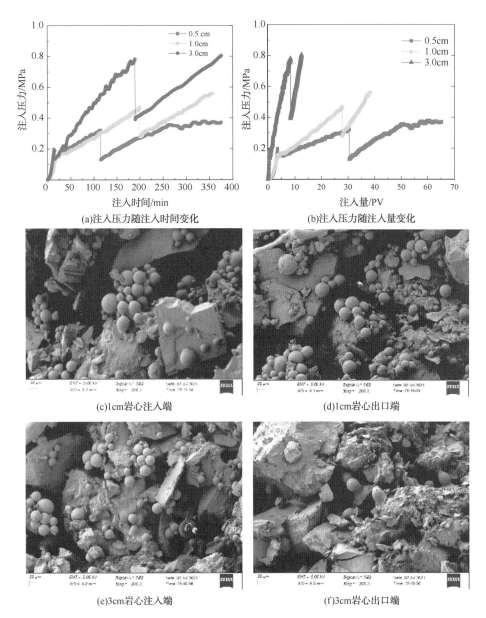

(a)注入压力随注入时间变化　　　　　　　(b)注入压力随注入量变化

(c)1cm岩心注入端　　　　　　　　　　(d)1cm岩心出口端

(e)3cm岩心注入端　　　　　　　　　　(f)3cm岩心出口端

图3.21　岩心切片弹性颗粒注入压力曲线以及岩心注入端采出端扫描电镜图片

此时滤饼段实现了弹性颗粒进入和流出的平衡。而岩心段厚度达到3cm后，注入压力曲线的斜率明显升高，分别为3.68kPa/min（0.2mL/min）和2.18kPa/min（0.1mL/min）。此时压力的升高由滤饼段和弹性颗粒在岩心内部的运移两部分组成。图3.21（b）中厚度为3cm的岩心段的两段注入压力曲线的斜率基本一致，分别为 91.83kPa/PV 和 98.08kPa/PV。这说明弹性颗粒在岩心内部的运移阻力与注入弹性颗粒的注入量直接相关。图 3.21(c)~(f)显示当岩心片厚度为 1cm 时，岩心注入端和采出端的颗粒数量都很多，而厚度为 3cm 时，采出端的颗粒数量明显减少。

图 3.22 为 MG 颗粒在微流控芯片中的孔喉运移过程。可以发现图 3.22(a)中注入通道堆积了大量的 MG 颗粒，随着流体的持续注入，压力升高，颗粒通过变形挤入多孔介质内部，颗粒粒径越小越容易进入模型的深部。但随着弹性颗粒的继续注入，最终大粒径的颗粒同样可以进入多孔介质内部，如图 3.22(b)所示。而在整个注入过程中，注入压力呈现波动式变化如图 3.22(c)所示，每一个波动代表弹性颗粒堆积-变形-通过孔喉的过程。

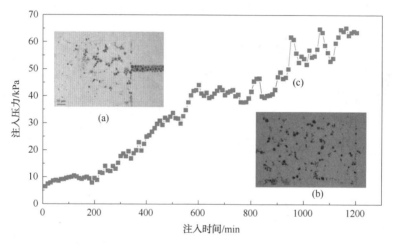

图 3.22　MG 颗粒在微流控模型中运移的过程

岩心切片驱替以及微观运移实验结果明确了 MG 进入多孔介质内并运移的聚能运移模式，如图 3.23 所示。可以将系统分为 MG 流体、多孔介质端面滤饼以及多孔介质内部三部分。MG 颗粒在多孔介质内的运移过程可以分为三个阶段。

① 蓄能增压阶段：MG 颗粒首先在岩心端面堆积形成滤饼层，注入压力增大；

② 颗粒挤入阶段：MG 颗粒在较大的注入压力下挤入孔喉，持续增加流动阻力；

③ 深部运移阶段：MG 颗粒在流体的携带下克服摩擦力继续向岩心深部运移。

而在真实的储层等多孔介质内，存在端面粗糙、面积大，端面效应较弱等缺点，因此室内研究弹性颗粒在多孔介质内部的运移更具现实意义。颗粒形成滤饼层的厚度受颗粒与储层匹配性和颗粒弹性的影响，在本节中可以将弹性颗粒注入性实验过程中距离注入端 5cm 处的压力作为弹性颗粒在岩心内部运移产生的真实压力。

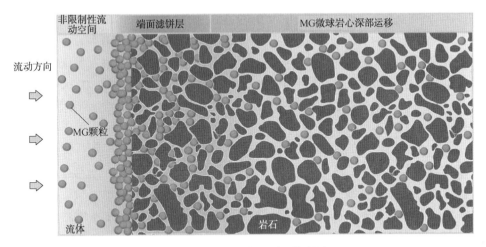

图 3.23 MG"聚能运移"模式图

（6）MG 运移封堵模型验证

改变颗粒大小(其中粒径 4.2μm 的微球为工业产品)、岩心渗透率以及颗粒浓度共进行 7 组驱替实验如表 3.3 所示，记录实验全过程靠近注入端 5cm 处测压点的压力。具体的实验流程为：①将直径 2.5cm、长 30cm 的人造岩心装入近注入端 5cm 处带有测压点的岩心夹持器中，抽真空 2h 后自吸饱和水 4h；②按照图 3.11(b)连接实验流程，利用 ISCO 泵恒速进行水驱，记录稳定压力并利用达西定律计算水测渗透率；③配制目标浓度的 MG 溶液并装入带有搅拌装置的活塞容器中；④利用 ISCO 泵恒速 0.2mL/min 注入 MG 溶液 4PV，结束实验，记录压力变化。

表 3.3 MG 运移封堵模型验证驱替实验参数表

序号	渗透率/D	孔隙度/%	孔喉半径/μm	微球及半径/μm	注入浓度/(mg/L)	匹配系数 θ
1	6.0	0.28	13.09	MG-2, 10.5	500	0.77
2	3.1	0.26	9.77	MG-2, 10.5	500	1.03
3	1.7	0.25	7.38	MG-2, 10.5	500	1.36
4	2.8	0.26	9.28	MG-3, 4.2	500	0.45
5	1.1	0.25	5.93	MG-3, 4.2	500	0.71
6	3.1	0.26	9.77	MG-2, 10.5	1000	1.03
7	1.1	0.25	5.93	工业品, 2.1	500	0.35

方案表 3.3 中的#1~#3 以及#6 实验均使用粒径为 21μm 的微球进行驱替实验。绘制上述四组实验获得的压力曲线，如图 3.24(a)所示。随着多孔介质渗透率增加，即 θ 降低，多孔介质注入端的流动阻力明显增大。以注入量 4PV 为参考值，当 θ 为 0.77 时，注入压力为 0.091MPa；当 θ 为 1.03 时，注入压力为 0.325MPa；当 θ 为 1.36 时，注入压力为 2.551MPa。在油气田开发领域，希望注入的弹性颗粒可以运移到储层的深部，因此需要选取适当的 θ 值以保证颗粒具有良好的流动性能(θ 约为 1)。当 MG 浓度增加后，注入压力增加至 0.586MPa，与常规认知一致，增大弹性颗粒的浓度可以在多孔介质中产生更高的附加压力梯度。

图 3.24(b)为改变 MG 粒径以及多孔介质渗透率获得不同匹配系数的四组实验结果。注入压力均随着 θ 从 1.03 降低到 0.45 的过程而降低，这与图 3.21(a)的压力曲线说明的内涵一致，随着多孔介质尺寸的增大，MG 颗粒的运移阻力逐渐降低。但是当 θ 降低为 0.35 时出现了有趣的现象，此时的注入压力反而升高了，甚至高于 21μm 颗粒的注入压力。出现这种现象的原因主要是颗粒粒径变小，导致在相同的质量浓度下，颗粒的数量大幅增多。更多的颗粒可以在多孔介质内堆积、运移，产生更大的渗流阻力。考虑 MG 颗粒粒径及弹性性能的影响预测其在多孔介质内运移阻力是本节要解决的关键问题。

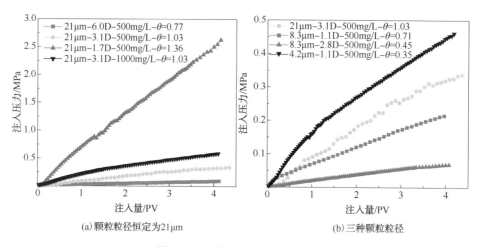

(a) 颗粒粒径恒定为21μm   (b) 三种颗粒粒径

图 3.24　驱替实验注入压力曲线

根据表 3.2 的计算公式以及颗粒和多孔介质的参数进行 MG 在多孔介质内运移阻力的计算。其中一些相关的物性参数为：MG 的弹性模量为 23Pa(21μm) 和 65Pa(8.3μm 和 4.2μm)，石英砂(多孔介质)的弹性模量为 $3×10^{10}$Pa，MG 和石英砂的泊松比分别为 0.3 和 0.25。MG 颗粒在多孔介质内与流体的相对运动速度为0.3。利用上述参数以多孔介质渗透率为3.1D为例，计算不同封堵形式下的运移阻力，结果如图3.25所示。随着封堵形式所需颗粒的数量增多，压力曲线的斜率逐渐降低，这说明随着颗粒数量的增大，封堵的稳定性逐渐变弱，在一定的驱替压力下架桥颗粒可以再次实现运移。单个颗粒直接封堵注入压力曲线与两颗粒架桥封堵压力曲线交于 $\theta=1.070$，因此在应用过程中当 $\theta>1.070$ 时，单一颗粒封堵占主导；两颗粒架桥和三颗粒架桥封堵的压力曲线相交于 $\theta=0.660$，三架桥封堵与多颗粒封堵曲线相交于 $\theta=0.631$ 处。

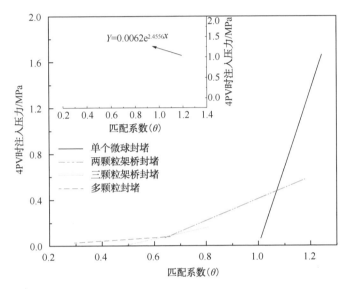

图3.25 渗透率为3.1D岩心在注入量为4PV时不同匹配系数对应的注入压力曲线

确定上述参数后，可以使用建立的运移封堵模型对岩心注入压力实验结果进行模拟。图3.26(a)为6.0D、3.1D和1.7D三种岩心渗透率的实验数据和模拟结果的注入压力，图3.26(b)为21μm、8.3μm和4.2μm三种粒径下MG的注入压力。本节建立模型的模拟结果和实验数据具有良好的一致性，七组实验最终4PV时压力值的误差分别为：11.6%、3.2%、7.3%、16.8%、7.9%、2.8%和9.6%，平均误差为8.4%。这说明本模型具有较高的精度，可以有效模拟弹性颗粒在多孔介质内运移的压力变化。

3.2.4 MG 储层适用条件

在明确了本节建立的 MG 颗粒运移封堵模型具有良好的精度后，需要对模型的影响因素进行分析，同时明确 MG 的储层适用条件。利用该模型计算了粒径为21μm 的 MG 在三种渗透率下不同封堵类型的注入压力曲线，如图3.27所示。对

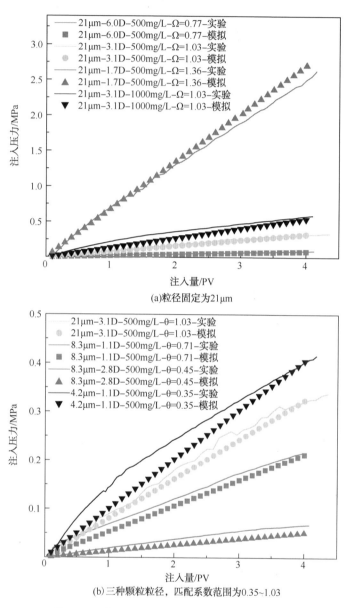

(a)粒径固定为21μm

(b)三种颗粒粒径，匹配系数范围为0.35~1.03

图3.26　实验与模拟得到的注入压力曲线对比

于单个颗粒封堵而言，其注入压力只与颗粒与多孔介质的匹配系数有关。在渗透率从 6.0D 降低至 1.7D 的过程中，相同匹配系数下注入压力明显上升，可达 3 倍左右。而对于多个颗粒封堵，匹配系数和岩心渗透率均直接影响注入压力。因此 MG 颗粒的封堵强度随着匹配系数的增大而增大仅在渗透率一定时正确，而当渗透率变化时，较小的匹配系数也可以产生较大的封堵强度。这与 MG 颗粒的弹性模量相关，也说明了匹配系数不能直接作为封堵强度的判定依据。

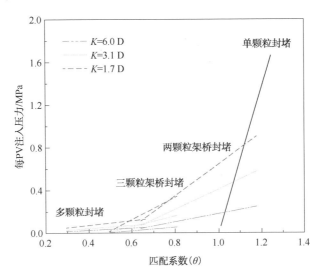

图 3.27　三种岩心渗透率下不同封堵形式的注入压力曲线（4PV）

同时可以发现，当渗透率升高后，两颗粒架桥封堵的压力曲线斜率迅速降低，封堵强度变差。这说明多孔介质孔喉尺寸是影响 MG 在储层中封堵效果的关键因素，当孔喉尺寸增大时，只有颗粒粒径比多孔介质略大的颗粒能发生较强的封堵。这也可以解释弹性颗粒在矿场应用过程中，注入 50μm 左右的颗粒仍难以封堵储层的问题。这主要是因为真实储层中存在孔喉尺寸较大的窜流通道，本模型的计算结果显示，针对这种大孔道只有当颗粒粒径与其尺寸相当时才能产生较好的封堵效果。根据本节建立的 MG 运移封堵模型，可有效指导 MG 与孔喉的双向选择。

3.3　MG 运移封堵规律

3.3.1　实验材料及方法

（1）实验流体

实验用水为模拟地层水，矿化度为 9374.13mg/L；实验用油为脱气脱水原油与煤油混合的模拟油，黏度为 30mPa·s；所用调驱体系主要包括 MG 溶液以及 HPAM 溶液，具体参数如表 3.4 所示。其中 IAM 乳液是由 IAM 溶液与模拟油按照体积比 1∶1 混合后利用均相仪分散制成的。

表 3.4　弹性分散流体性能参数

化学体系	浓度/(mg/L)	黏度/(mPa·s)	密度/(g/cm³)	粒径/μm	界面张力/(mN/m)
MG	1500	1.97	1.30	20.1 and 42.5	28.52
HPAM	1000	27.60	1.30	/	30.27

（2）微流控芯片

微流控芯片主要包括简单的理论孔喉模型和真实储层结构模型。其中理论模型用于研究 MG 在孔喉中的运移封堵规律和机制；真实模型用于评价 MG 扩大波及体积提高采收率的效果。以上模型均采用 PDMS 材质（油湿）经过湿法刻蚀制作而成，理论模型刻蚀深度为 20μm，真实模型刻蚀深度为 30μm。

为了明确微球由孔隙进入喉道的过程以及喉道尺寸对微球运移的影响，设计了如图 3.28(a)所示的截面喉道尺寸非均质模型(简称截面模型)以及图 3.28(b)所示的轴向喉道尺寸非均质模型(简称轴向模型)。在模型中每一列基质之间的流道为孔隙，而基质块之间的流道为喉道。其中截面模型在一个截面上有 7 个喉道尺寸，即一个孔隙连接有 7 个尺寸的喉道，且每两列喉道尺寸交错排布。轴向模型在注采井间同样设置了 7 个喉道尺寸。为了方便实验现象的描述，在此规定，在同一个模型中，喉道按照尺寸从大到小分为 7 级；同时，孔隙按照从注入端到采出端的顺序分为 8 级，但是孔隙的尺寸均一致。

为了研究微球改变液流方向，扩大波及体积的作用机制，设计了如图 3.28(c)所示的排列非均质模型(简称排列模型)。该模型由一个中间注入孔隙连接两侧排列的喉道，其中左侧喉道尺寸 70μm、右侧喉道 20μm。两侧的喉道分别设置采出端。同时为了进一步明确微球在并联喉道中的分流情况，设计了如图 3.28(d)所示的三并联和双并联喉道模型(简称三并联模型和双并联模型)。通过以上模型进行 MG 的流动性和注入性实验可以明确其在孔喉中的运移封堵机制。

为了研究 MG 微观扩大波及体积、提高采收率的效果，基于真实岩心孔喉结构设计了双模态模型和多模态模型。其中，双模态是指基质颗粒包括中尺寸和小尺寸，多模态是指颗粒包括大尺寸、中尺寸和小尺寸，如图 3.29 所示。通过对比真实模型的驱油过程可以研究 MG 封堵优势通道、扩大波及体积的作用效果以及微观剩余油的动用机制。

（3）实验方案

利用图 3.28 中的四种理论模型进行 MG 的运移封堵实验，利用图 3.29 中的真实模型进行 MG 及对照聚合物驱油实验，具体的实验方案如表 3.5 所示。实验流程为：按照图 3.30 连接实验流程，利用注射泵将 MG 注入模型中，采出端通过管线连接至废液池回收产出液，实验全程利用体式显微镜拍摄照片和视频。驱油实验流程为：①利用真空泵对模型抽真空 2h；②利用注射泵为模型注射饱和油；③利用恒速驱替泵以 1μL/min 的速度先后进行水驱、MG/HPAM 驱以及后续水驱，利用 CCD 相机拍照记录实验过程图片；④利用 Matlab 和 PhotoShop 对图像进行后处理，对比分析注入流体波及范围的变化。微球为无色透明颗粒，在注入前需要利用甲基蓝染色。MG 染色后不利于剩余油的识别。因此在 MG+HPAM 驱油实验中先后进行未染色 MG+HPAM 驱替和染色 MG+HPAM 驱替，可以同时捕获 MG 提高采收率和运移封堵现象。实验在室温和自然光条件下进行。

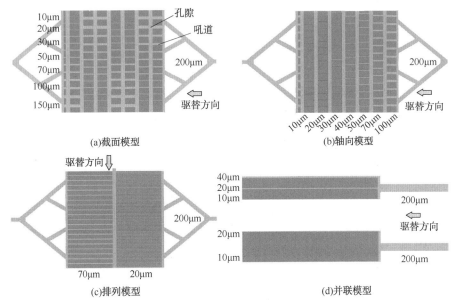

图 3.28　四种孔喉理论模型

(红色区域代表基质，青色区域代表孔喉，方模型尺寸为 5mm×5mm)

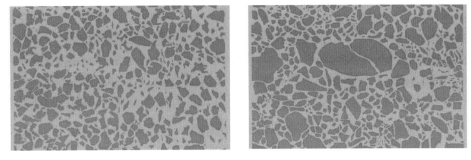

图 3.29　双模态模型(8mm×5mm)和多模态模型(8mm×5mm)

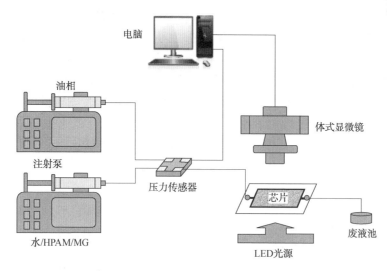

图 3.30　MG 恒速驱替微观实验流程图

表 3.5　MG 微观驱替实验方案

序号	模型	溶液	过程
1	截面模型	MG	
2	轴向模型	MG	
3	排列模型	MG	MG 溶液恒速 1μL/min 驱替
4	双并联模型	MG	
5	三并联模型	MG	
6	双模态模型	HPAM	恒速 1μL/min：水驱+HPAM 驱+后续水驱
7	双模态模型	MG+HPAM	恒速 1μL/min：水驱+不染色 MG+HPAM 驱+
8	多模态模型	MG+HPAM	染色 MG+HPAM 驱+后续水驱

3.3.2　MG"聚能运移"模式

无论是微流控模型、岩心多孔介质等实验模型还是现场应用过程，聚合物微球均需要从非限制性空间流入多孔介质中。在此对比不同尺寸的喉道以及相互连通的孔隙中 MG 的运移规律，明确其在储层中的匹配运移模式。MG 颗粒在截面模型内(喉道尺寸分为 7 级：150μm、100μm、70μm、50μm、30μm、20μm 和 10μm)运移过程如图 3.31 所示。在注入的初期，仅有少量的小粒径颗粒运移到模型的深部，绝大部分颗粒均在近注入端的孔隙中滞留堆积。当微球在孔隙中的滞留量逐渐增多后，微球进入大尺寸喉道并大量运移到下一级孔隙中。此时微球在喉道中动态堆积和运移，并在下一级孔隙中循环上述堆积滞留并运移的过程。

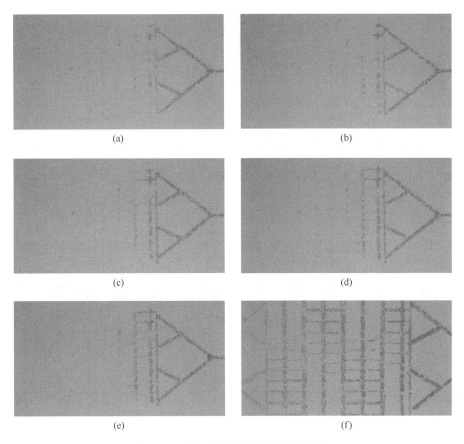

图 3.31　MG 在截面模型中的运移过程

　　轴向模型可以模拟油田现场中注采井近井地带由于长期高倍数水冲刷具有较大的孔隙度和渗透率的情况，其喉道尺寸分为 7 级（100μm、70μm、50μm、40μm、30μm、20μm 和 10μm）。在轴向模型中，微球同样先在孔隙处堆积，然后逐级进入喉道中，如图 3.32 所示。微球注入到截面模型和轴向模型中对应的注入压力曲线如图 3.33 所示。注入压力先缓慢升高对应着微球在孔隙中的堆积；当微球运移进喉道中后，注入压力快速升高；最后当微球波及整个模型后注入压力趋于平稳，但是仍缓慢波动上升。

　　以上微球进入孔喉的过程可以总结为"聚能运移"模式：MG 颗粒先在近注入端堆积滞留，注入压力缓慢升高，待颗粒堆积达到一定程度后会进入喉道并进入下一级孔隙，最终实现深部运移。

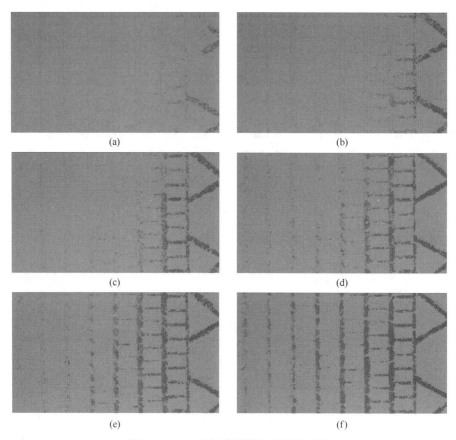

图 3.32　MG 在轴向模型中的运移过程

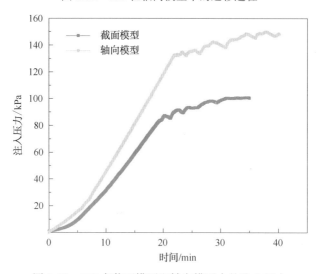

图 3.33　MG 在截面模型和轴向模型中的注入压力

3.3.3　MG孔喉尺度匹配封堵机理

图3.31和图3.32显示微球可以完全波及整个模型的孔隙和喉道，但是主要滞留在孔隙和大喉道中，如图3.34所示。由于模型深度的限制，孔隙和喉道的宽度差距较大，但是由拉普拉斯公式3.32计算获得的有效半径差距大幅缩小。

$$R = \frac{1}{1/r + 1/D} \tag{3.32}$$

式中，R为拉普拉斯半径，μm；r为孔喉半径，μm；D为模型深度，μm。

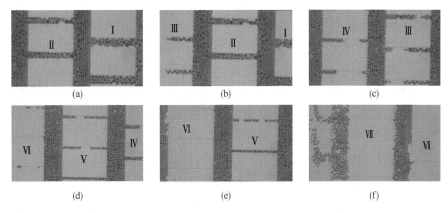

图3.34　MG在轴向模型不同级别喉道中的滞留情况局部放大图

截面模型和轴向模型的孔喉所对应的拉普拉斯半径以及MG颗粒滞留情况如表3.6所示。当MG的粒径大于喉道的拉普拉斯半径时，需要在一定的注入压力下进入喉道并滞留。没有微球滞留代表在该注入压力下，大部分颗粒难以进入该尺寸的喉道。截面模型和轴向模型没有微球滞留的喉道级别分别为5级和6级，这是因为截面模型每个截面均有大喉道和小喉道，微球可以更轻易地进入大喉道，使得注入压力低于轴向模型。

表3.6　模型不同宽度孔喉拉普拉斯半径及MG滞留情况

截面模型	喉道宽度/μm	10	20	30	50	70	100	150	10
	拉普拉斯半径/μm	7.14	11.11	13.64	16.67	18.42	20.00	21.43	7.14
	匹配系数	2.81	1.81	1.47	1.21	1.09	1.01	0.94	2.81
	聚合物滞留	×	×	×	√	√	√	√	×
轴向模型	喉道宽度/μm	10	20	30	40	50	70	100	10
	拉普拉斯半径/μm	7.14	11.11	13.64	15.38	16.67	18.42	20.00	7.14
	匹配系数	2.81	1.81	1.47	1.31	1.21	1.09	1.01	2.81
	聚合物滞留	×	×	√	√	√	√	√	×

虽然小喉道中没有微球滞留，但并不是没有微球运移通过。微球粒径虽然分布均匀，但仍有小粒径的微球，粒径小于小喉道或略大于小喉道尺寸的微球可以在较大注入压力下直接或变形进入并迅速通过小喉道。以上现象均说明微球在喉道中的流动具有选择性，即只有二者粒径相匹配时，微球才能进入并通过喉道。对于单个喉道而言，允许进入的微球粒径均小于或者略大于喉道尺寸。而注入压力的升高可以扩大微球有效封堵的孔喉范围。MG 在截面模型和轴向模型中能够有效封堵喉道所对应的匹配系数分别为 1.21 和 1.47。3.2.1 节研究结果表明当匹配系数为 1~1.4 时，MG 可以对储层产生良好的封堵效果，本节从孔喉尺度再次证明了岩心尺度匹配模式的正确性。结合岩心尺度和孔喉尺度的 MG 运移封堵实验结果可以明确 MG 的孔喉匹配运移模式，该模式与 MG 多孔介质运移封堵模型的本质是相通的，均可指导弹性颗粒与储层的双向匹配选择。

在明确了微球具有孔喉匹配运移的特征后，通过并联模型对其优先封堵大孔道的过程进行研究。三并联模型微球运移现象与上述实验结果一致（图 3.35）：微球先在孔隙中滞留，增加注入压力，当压力足够时颗粒倾向于进入大、中喉道，而不是随机堵塞小喉道。而进入小喉道的微球粒径均相对较小，且在较大的压力下可以直接在喉道内运移不会完全堵塞小孔道。

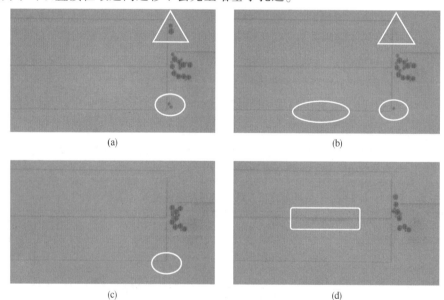

(a)   (b)   (c)   (d)

图 3.35　三并联模型 MG 优先进入大喉道和中喉道

(a)~(c) 为较大的颗粒(三角框)和较小的颗粒(椭圆框)分别进入大喉道和小喉道，
(d) 为较大的颗粒进入中喉道(方形框)

在双并联模型中(图3.36),由于优势通道的尺寸降低且通道数量减少,进入小喉道的微球数量明显增加且粒径变大。同时可以发现有部分微球会在小喉道的入口处堆积,造成一定的堵塞。该现象表明多孔介质的非均质性有利于避免小孔喉吸入更多的微球造成伤害,因此在保证整体匹配性的前提下,储层的非均质性增强反而更有利于微球选择性封堵大孔喉,避免伤害小孔喉。

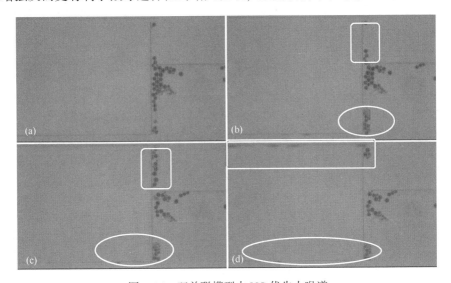

图3.36 双并联模型中 MG 优先大喉道

(a)微球聚集在近注入端孔隙中,(b)~(d)较大的颗粒(方形框)和较小的颗粒(椭圆框)
分别进入大喉道和小喉道

3.4 微观驱油机理

3.4.1 MG 液流转向机理

微球孔喉匹配的运移机制会使其优先封堵大喉道,促进后续流体进入小喉道。为了明确这一液流转向机制,本节设计了两种尺寸喉道的排列模型。实验过程中为了方便观察液流转向过程,首先对模型进行了饱和油处理,然后先后进行了水驱和微球驱。实验过程的波及范围变化过程如图3.37所示。

水驱过程中,注入流体沿着大喉道窜流,小喉道基本上未被波及。而注入MG溶液后,注入流体连续进入小喉道,起到了液流转向的作用。液流转向是指微球溶液驱替过程中,微球颗粒作为分散相进入并封堵大喉道,而水作为连续相在较高的注入压力下进入小喉道,扩大波及体积。图3.37显示在驱油过程中微球滞留在孔隙中并进入大喉道，不会进入小喉道，验证了孔喉匹配封堵模式。同时在大喉道中注入微球同样可以提高盲端未波及剩余油（椭圆框）以及波及喉道内的膜状剩余油（方形框）的动用。

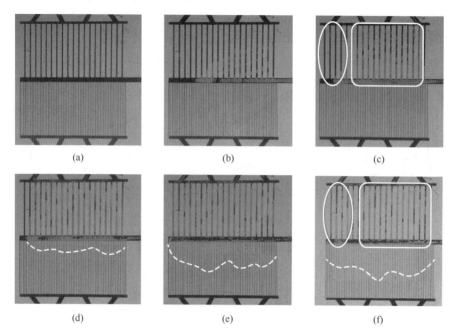

图 3.37　排列模型注入 MG 后液流转向过程

图中虚线为侵入前缘位置，（a）初始时刻，（b）水驱结束，（c）~（f）为注入微球阶段，小喉道一侧的侵入前缘逐步推进

3.4.2　MG 微观剩余油动用机理

图 3.38 为双模态和多模态模型水驱和聚合物/微球驱后的波及范围识别图像。图 3.38（a）和（b）显示聚合物和微球均可以在水驱的基础上进一步扩大波及体积，提高采收率。对比发现，聚合物驱后存在连续的簇状剩余油（方形虚线框），而注入微球后可以有效分散该部分剩余油。最终三组模型的各阶段采收率如表 3.7 所示，MG+HPAM 驱最终采收率可以比 HPAM 驱提高 6.85%。图 3.38（b）和（c）显示孔隙结构的变化直接影响注入流体的波及范围，多模态模型的最终采收率比双模态高 3.54%。多模态模型在微球驱后仍然存在连片的簇状剩余油（方形实线框）。

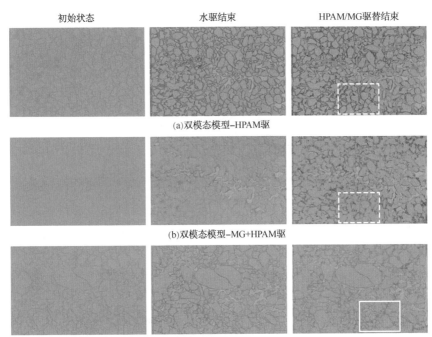

初始状态　　　　　　水驱结束　　　　　HPAM/MG驱替结束

(a)双模态模型–HPAM驱

(b)双模态模型–MG+HPAM驱

(c)多模态模型–MG+HPAM驱

■基质 ■原油 □水驱波及范围 ■HPAM/MG波及范围

图3.38　两种真实模型中驱油微观图片

表3.7　微球和聚合物在两种储层模型中各阶段采收率

实验	水驱采收率/%	误差/%	聚合物/微球采收率/%	误差/%	最终采收率/%
双模态模型–HPAM	45.00	−1.28	26.86	+0.75	71.86
双模态模型–MG+HPAM	40.18	+3.47	38.53	−2.24	78.71
多模态模型–MG+HPAM	47.45	−0.89	34.80	−0.28	82.25

　　模态的增加会导致孔喉结构的复杂化，进而加剧注入流体优势通道的形成。但是本节多模态模型的水驱波及范围以及最终波及范围均大于双模态模型，分析原因主要有以下3点：①多模态模型中间的大颗粒将注入流体分流为上下两部分，而不是沿着中间通过；②多模态模型的孔隙度为38.32%，远小于双模态模型的45.44%；③双模态模型的孔喉分布范围明显宽于多模态模型（图3.39），二者的平均孔喉半径分别为34μm和26μm。多模态模型较小的孔隙度和孔喉尺寸导致注入压力增大，如图3.40所示，扩大了注入流体波及范围。本节结果显示在有限的微流控模型中增加基质的粒径分布范围模拟多模态具有一定的局限性。如何在有限的空间内再现多模态孔喉结构复杂的流动特征是未来需要解决的问题。

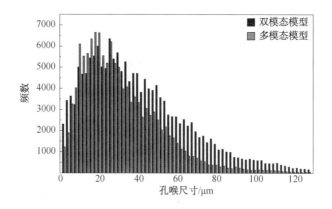

图 3.39　双模态模型和多模态模型的孔喉分布直方图

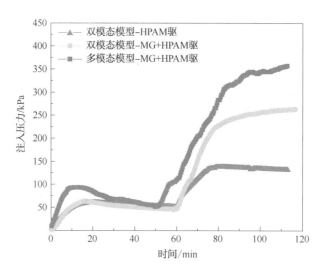

图 3.40　两种模型 HPAM 驱和 MG+HPAM 驱的注入压力曲线

　　MG+HPAM 驱可以较单独 HPAM 驱提高采收率 6.85%，在此结合其在孔喉模型中的运移封堵机制提出三点解释。①MG+HPAM 溶液是固液分散体系，其可以有效封堵孔喉，进一步增大注入压力，如图 3.40 所示。封堵优势通道并产生较高的压力梯度是 MG 扩大波及体积的根本原因。②MG 具有孔喉匹配运移、优先封堵大孔道的特征。图 3.41 为继续注入染色 MG 后的颗粒分布图像，注入的 MG 会优先占据水驱优势通道和大孔喉，该现象与理论模型的结论一致。优先封堵大孔喉和优势通道是 MG 扩大波及体积的保障。③MG 和 HPAM 的协同作用可以更充分分散连续的簇状剩余油。两种模型下 MG+HPAM 驱和 HPAM 驱的水驱阶段和化学驱阶段的剩余油类型变化如图 3.42 所示。可以发现，水驱后剩余油均以连续的簇状剩余油为主，HPAM 和 MG 均可以分散簇状剩余油使其采出或变成其他分散型剩余油。在双模态模型中，MG 可以较聚合物更多地将簇状剩余油转变为狭缝状、膜状和粒间吸附状剩余油；对比两种孔喉结构的 MG+HPAM 驱可以发现，多模态模型最终仍以簇状剩余油为主，这也是模态复杂化的结果。

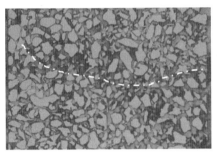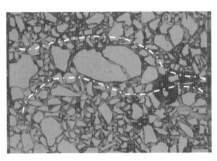

(a)双模态模型　　　　　　　　(b)多模态模型，图中点划趋势线为水驱优势通道

图 3.41　染色 MG 微观分布

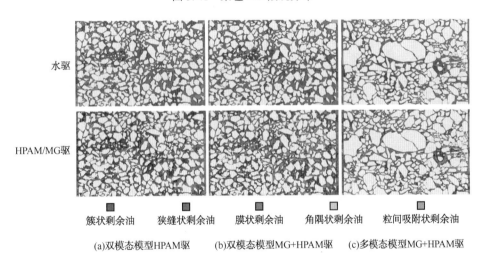

■ 簇状剩余油　■ 狭缝状剩余油　■ 膜状剩余油　□ 角隅状剩余油　■ 粒间吸附状剩余油

(a)双模态模型HPAM驱　　(b)双模态模型MG+HPAM驱　　(c)多模态模型MG+HPAM驱

图 3.42　水驱和化学驱后剩余油的赋存情况

图 3.43 显示，无论 HPAM 驱还是 MG+HPAM 驱后，狭缝状和膜状剩余油的含量均明显增加，成为剩余油动用的主体，这需要通过降低注入流体的界面张力对其进行有效的动用。微球–聚合物–表面活性剂复配的非均相体系可以进一步提高采收率，该体系在室内研究和矿场试验中均取得了一定成功。

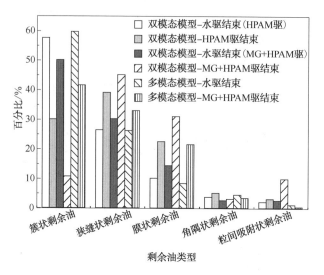

图 3.43 两种模态模型微观驱油过程剩余油类型变化

第4章 ▶ 预交联凝胶颗粒调驱

4.1 静态性能评价

预交联凝胶颗粒是将聚合物单体、引发剂以及交联剂混合反应制成整体凝胶并干燥后，通过研磨、筛分制成粒径不等的凝胶颗粒。按照凝胶交联的程度可以分为部分交联(B-PPG)以及完全交联(PPG)两类，其中 B-PPG 水溶液具有一定的黏度，表现出颗粒与聚合物溶液复配的性质。本节主要研究弹性分散流体中分散相颗粒的运移封堵机制，因此选用常规 PPG 进行后续实验。

4.1.1 PPG 颗粒微观形貌

利用体式显微镜观察 PPG 颗粒的微观形貌如图 4.1 所示。PPG 颗粒形状不规则，吸水后体积明显变大。较大的颗粒粒径以及不规则的颗粒形态是 PPG 储层注入性较差的主要原因，同时较大的粒径也使颗粒更易沉降，影响其分散稳定性。

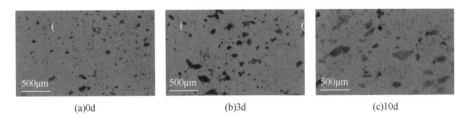

(a)0d   (b)3d   (c)10d

图 4.1 PPG 溶液不同老化时间微观形貌

4.1.2 PPG 颗粒吸水膨胀性

利用激光粒度仪测试 PPG 颗粒水溶液不同吸水时间的粒径分布曲线如图 4.2 所示。PPG 颗粒粒径分布曲线呈正态分布，粒径分布较均匀。颗粒吸水膨胀后粒径明显变大，在吸水膨胀的前 3d 粒径变化更加明显。PPG 颗粒的初始中值粒径为 $55.5\mu m$，最终稳定在 $500\mu m$ 左右，不同吸水时间的中值粒径膨胀倍数曲线如图 4.3 所示，最终的膨胀倍数为 8.87 倍。

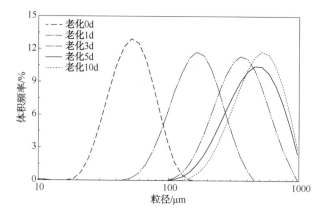

图 4.2　PPG 溶液不同老化时间的粒径分布曲线

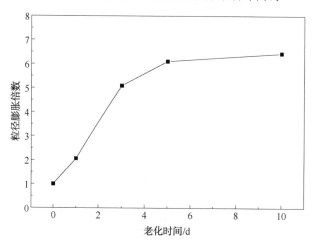

图 4.3　PPG 溶液不同老化时间粒径膨胀倍数曲线

4.1.3　PPG 颗粒的分散性能

　　与聚合物微球溶液类似，PPG 溶液同样表现出"易分散，易沉降"的特性。常规的搅拌能够获得分散良好的 PPG 水溶液，但是由于其粒径较大，沉降速度更快，分散稳定性较差。吸水老化后搅拌 PPG 溶液同样能够再次使颗粒均匀分散，解决 PPG 颗粒沉降问题是其注入性和储层深部运移的保障。

　　相比于聚合物微球，PPG 颗粒的中值粒径更大、吸水膨胀倍数更大。在一定的范围内，吸水膨胀倍数越大则颗粒的弹性越强，因此 PPG 具有更强的弹性变形能力，这也是其能够顺利运移的根本原因。但是较大的颗粒、不规则的形状以及易于沉降也限制了 PPG 与储层的匹配性以及注入能力。因此，在获得弹性分散流体静态性能后，需要对其动态性能进行评价。

4.2 储层匹配关系

PPG 扩大波及体积的主控动态性能同样为其与储层的匹配性，由于其粒径较大，通过岩心注入实验难以获得有效的实验数据。目前评价 PPG 运移性能通常采用岩心残余阻力系数法，即将 PPG 注入岩心后，将近注入端岩心切除后进行后续水驱并计算残余阻力系数评价 PPG 运移能力；而评价 PPG 与储层的匹配性通常采用简单的细管模型。此外，裂缝性岩心、填砂管等物理模型也可用于 PPG 动态性能评价。本节将利用自主设计的并联微细管模型对 PPG 与孔喉的匹配封堵进行表征，明确 PPG 适用的储层范围。

PPG 与 MG 溶液同属于固液分散体系，但是其粒径远远大于微球。按照 MG 与储层匹配系数的划分标准，PPG 在常规岩心中（<10D）均存在端面堵塞问题。而课题组前期研究也证明了这一点，利用有效渗透率分别为 2000mD、4000mD 和 6000mD 的圆柱岩心（2.5cm×15cm）进行水驱至压力平稳；注入 PPG 溶液 4PV；老化 3d 后后续水驱至压力稳定，计算残余阻力系数 1；取出岩心并切除注入端 3cm 后放回岩心夹持器再次进行后续水驱至压力稳定，计算残余阻力系数 2。实验注入速度恒定 0.2mL/min，实验结果如表 4.1 所示。

表 4.1 PPG 注入性能评价结果

岩心渗透率/mD	注 PPG 压力/水驱压力	残余阻力系数 1	残余阻力系数 2	实验现象备注
2000	821.7	589.3	1.2	岩心端面堵塞
4000	641.5	436.9	1.2	岩心端面堵塞
6000	495.6	282.7	21.3	岩心端面堵塞

由表 4.1 可以看出，PPG 溶液在注入过程中极易发生端面堵塞现象。当渗透率低于 6000mD 时，切除近注入端 3cm 岩心后残余阻力系数接近 1，说明 PPG 颗粒均堵塞在近注入端 3cm 以内；当岩心渗透率达到 6000mD 时，切除 3cm 岩心后残余阻力系数为 21.3，说明有少量的 PPG 进入到岩心内部。

因此，PPG 颗粒虽然具有较大的弹性但是其粒径过大，常规的岩心模型不适用于评价其与孔喉的匹配性能。本节采用如图 4.4 所示的微细管模型进行 PPG 的动态运移封堵性能评价。该模型将不同内径的微细管并联，依次注入水和 PPG 溶液，根据所得的压力数据、采出液分流率及粒径分布规律研究 PPG 粒径与孔喉尺寸的配伍性关系。

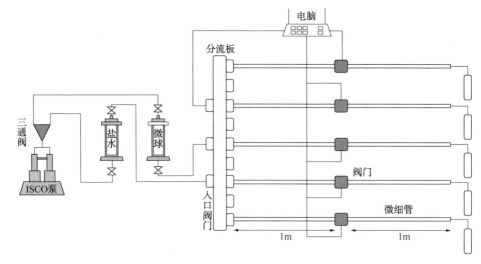

图 4.4　微细管模型示意图

4.3　PPG 适用界限

　　PPG 细管实验方案如表 4.2 所示，可对比注入速度及管径对注入压力的影响。实验流程为：(1)将两根内径相同的 1m 长内壁光滑的微细管通过阀门串联在一起，并在阀门处接入压力传感器。分别将串联后不同内径(分别为 0.2mm、0.3mm、0.5mm 和 0.8mm)的微细管连接到分流板的出口端。(2)利用恒速泵先后注入水和 PPG 溶液(膨胀后注入，中值粒径约 500μm)，分别记录各微细管中部压力及注入压力，待各压力稳定后停止注入；(3)改变注入速度，重复步骤(2)，研究注入速度对 PPG 封堵效果的影响；(4)固定注入速度，按照管径从大到小的顺序依次关闭各微细管的注入端，并重复步骤(2)；(5)收集各微细管在每一组驱替实验中的产出液，利用激光粒度仪测定其粒度中值，研究各微细管内径及 PPG 粒度中值的匹配关系。

表 4.2　微细管注入 PPG 实验方案

序号	注入速度	阶段	方案
1	0.5mL/min	1	注水至压力平稳后，注入 PPG 溶液至压力稳定
		2	关闭 0.8mm 微细管，注入 PPG 溶液至压力稳定
		3	关闭 0.5mm 微细管，注入 PPG 溶液至压力稳定
		4	关闭 0.3mm 微细管，注入 PPG 溶液
		5	开 0.3mm 微细管，关 0.2mm 微细管，注入 PPG 溶液至压力稳定
		6	开 0.5mm 微细管，关 0.3mm 微细管，注入 PPG 溶液至压力稳定

序号	注入速度	阶段	方案
2	1.0mL/min	1	注水至压力平稳后，注入 PPG 溶液至压力稳定
		2	关闭 0.8mm 微细管，注入 PPG 溶液至压力稳定
		3	关闭 0.5mm 微细管，注入 PPG 溶液至压力稳定
		4	开 0.5mm 微细管，关 0.3mm 微细管，注入 PPG 溶液至压力稳定

注入速度为 0.5mL/min 实验各阶段压力曲线如图 4.5 所示。可以发现当 0.8mm 管线打开时，注入压力和各管线中间测压点压力均很低，说明大部分 PPG 颗粒均从 0.8mm 管线顺利产出；当关闭 0.8mm 管线时，注入压力和 0.3mm、0.5mm 管线中间测压点均监测到明显的压力；当继续关闭 0.5mm 管线时，注入压力和 0.3mm 管线中间测压点压力进一步升高后趋于稳定；当关闭 0.3mm 管线时，注入压力迅速升高且保持一定斜率上升而不是趋于稳定，0.2mm 管线中间测压点仍没有压力。这说明 PPG 颗粒无法进入 0.2mm 管线，大量 PPG 颗粒在注入端堵塞，造成注入压力异常升高；当关闭 0.2mm 管线、打开 0.3mm 管线时，注入压力稳定在 0.8MPa 左右，且存在一定程度的波动；当关闭 0.3mm 管线并再次将 0.5mm 管线打开时，压力阶梯式降落并再次稳定在 0.5MPa 左右。

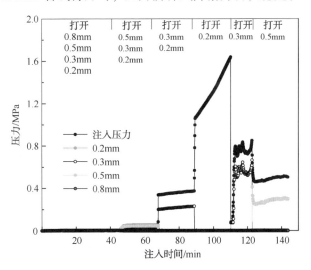

图 4.5 PPG 注入速度为 0.5mL/min 的压力曲线

图 4.5 显示，PPG 能够进入并有效封堵与自身粒径相近或略小于自身尺寸的喉道，同样利用 PPG 粒径与微细管直径之比作为匹配系数评价二者的匹配关系，则当匹配系数在 1~1.7 时 PPG 能够有效封堵孔喉。且与 MG 一致，匹配系数越大，PPG 的封堵强度越强。此外，0.5mm 和 0.3mm 管线同时打开时的压力远远

小于二者单独打开时的压力，这是因为 PPG 颗粒主要进入 0.5mm 管线而连续相流体可以进入 0.3mm 管线(分流率曲线如图 4.6 所示)，降低注入压力。

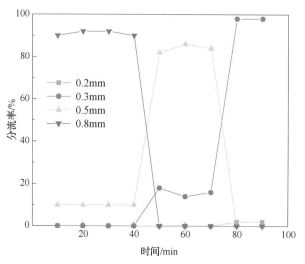

图 4.6　注入速度为 0.5mL/min 分流率曲线

取 0.3mm 和 0.5mm 管线单独注入时的产出液进行激光粒度测试并与注入前的粒径分布曲线进行对比如图 4.7 所示。0.5mm 管线产出液 PPG 分布曲线对照注入前略微左移，中值粒径由约 500μm 降低到约 450μm。而 0.3mm 管线产出液的 PPG 粒径分布曲线对照注入前进一步左移，中值粒径进一步降低至约 400μm，且在 100μm 处出现双峰，说明有一部分 PPG 颗粒在运移过程中破碎。PPG 产出液粒度整体变化不大，说明其可以通过弹性变形或者破碎通过微细管。

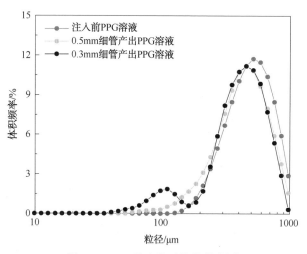

图 4.7　PPG 注入前后粒径分布图

注入速度为 1mL/min，实验各阶段压力曲线如图 4.8 所示，该实验中未并联 0.2mm 管线。可以发现速度增大后，各阶段的压力变化规律与注入速度 0.5mL/min 时一致。对比两种注入速度下的压力曲线可以发现，单独打开 3mm 和 5mm 管线的注入压力基本一致，分别为 0.8MPa 和 0.5MPa。这说明注入 PPG 产生的流动阻力主要由 PPG 与孔喉的匹配性所决定，而与注入速度无关。

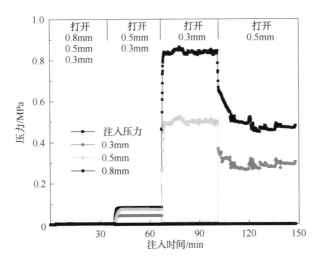

图 4.8　注入速度为 1mL/min 压力曲线

第5章 耐高温CO₂泡沫调驱

5.1 耐高温 CO_2 泡沫体系构筑

5.1.1 合成材料

（1）原材料：烯丙基缩水甘油醚（AGE）、丙烯酰胺（AM）、2-丙烯酰胺-2-甲基丙烷磺酸（AMPS）、烷基酚聚氧乙烯（APEO）等有机化合物以及氯化钠 NaCl、氯化镁 $MgCl_2$、碳酸钠 Na_2CO_3 等无机盐购自上海阿拉丁试剂有限公司，化学纯。

（2）促进剂和助剂：十二烷基硫酸钠（SDS）、过硫酸铵、亚硫酸氢钠、盐酸（HCl）、丙酮购自上海阿拉丁试剂有限公司。去离子水采用成都优普超纯科技有限公司 UPT-I-10T 超纯水净化器制备。

5.1.2 耐温聚表剂的合成

本文合成的聚表剂是一种功能性共聚物（AGE-AMPS-AM-APEO，简称FA），由烯丙基甘油醚（AGE）、2-丙烯酰胺-2-甲基丙烷磺酸（AMPS）、丙烯酰胺（AM）和烷基酚聚氧乙烯（APEO）通过胶束聚合而成。FA 的合成路线如图 5.1 所示，工艺流程如下：①制备质量分数为 3% 的亚硫酸氢钠溶液 30mL，在 350r/min 搅拌回流冷凝装置下，倒入 250mL 四颈烧瓶中；②在恒温水浴中加热至 80℃ 后，利用聚四氟乙烯恒压漏斗按比例加入以下混合物：AMPS 和 APEO 的质量比为 4：1（共 18g）、AM（质量浓度为 9.375%，溶解在 0.58% 的 SDS 溶液中）和 AGE 溶液的质量比为 1：2（共 32g）、质量浓度为 10% 的过硫酸钠溶液 20g。③控制加药时间为 1h，恒温反应 4h，合成聚合表面活性剂 FA。FA 的分子量为 $8×10^5$ mg/mol。

5.1.3 耐温聚表剂的性能表征

（1）FA 的化学结构

结合傅里叶红外光谱仪（MAGNA-IR 560 E.S.P）和核磁共振（MR）光谱仪（Bmker AVANCE I 400MHz）分别测试红外光谱和氢核磁共振光谱，可以确定 FA

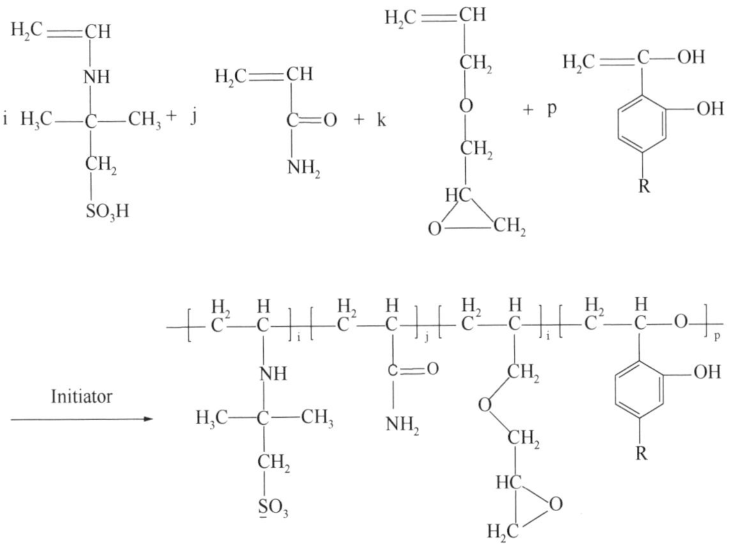

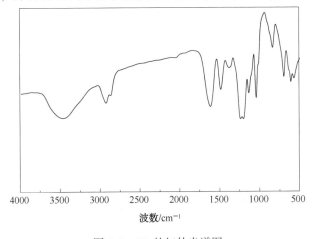

图 5.1　FA 的合成路线图

的化学结构。在此，在 4000～400cm 的中红外区域进行 FA 的红外光谱测试。

　　FA 的 FT-IR 光谱图如图 5.2 所示。3428cm^{-1} 为—CONH$_2$ 和 NH—基团的拉伸振动峰值；2929cm^{-1} 和 2858cm^{-1} 为烷烃链中碳氢键的拉伸振动峰值；2045cm^{-1} 为芳香族化合物的拉伸振动峰值；1589cm^{-1} 为苯环上碳氨键的拉伸振动峰值；1490cm^{-1} 为—SO$_3^{2-}$ 基团的拉伸振动峰值；1233cm^{-1} 为 C—O—C 键的拉伸振动峰值；1005cm^{-1} 为 C—N 键的拉伸振动峰值。红外光谱分析表明，合成产物主要由丙烯酰胺组成，并含有取代苯酚、磺酸盐和醇基，表明 FA 合成成功。

图 5.2　FA 的红外光谱图

^{1}H-或^{13}C-核磁共振谱是确定化学体系结构唯一性的方法。FA 的 ^{1}H-NMR 谱如图 5.3 所示。在 4.60ppm 和 2.80ppm 处出现的化学位移峰分别属于苯酚和苯基信号；3.78ppm 处的化学位移峰对应 AMPS 的—NH—；2.95ppm 的小峰对应于 AMPS 的 CH_2—SO_3；2.37ppm 和 2.68ppm 的化学位移峰分别对应 AM 的—CONH 和 APEO 的 CH—O—C；最后—CH_3、—CH_2 和—CH 在 1.0~1.2ppm 的化学位移下产生相应的信号质子峰。因此，^{1}H—NMR 谱证明了 FA 的成功聚合。

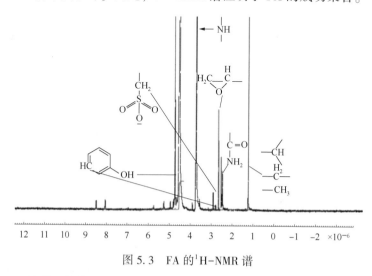

图 5.3　FA 的 ^{1}H-NMR 谱

（2）FA 的耐温性能

FA 作为耐高温泡沫体系的泡沫稳定剂，必须对其耐温性能进行测试。采用热重分析仪（德国 NETZSCH TG 209F3）在 25~600℃ 范围内测定 10g 的 FA 样品质量与温度的关系，得到热重曲线，如图 5.4 所示。

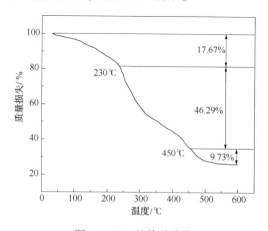

图 5.4　FA 的热重曲线

随着温度的升高，FA 失重分三个阶段。第一阶段为 FA 水分和表层水蒸发失重，主要分布在 25~230℃，失重率为 17.67%；第二阶段在 230~450℃温度范围内，失重 46.3%，这一阶段主要是由 FA 分子链断裂和分解引起的；第三阶段温度超过 450℃，失重 3.39%，与残留的碳质残渣分解和炭化有关。油藏的典型储层温度为 80~120℃，低于 EA 的降解温度。

（3）FA 的耐温稳定性

采用 Brookfeld 黏度计 DVI（Brookfeld Engineering Laboratories Inc）测试不同浓度 FA 溶液（200mg/L、400mg/L、600mg/L、800mg/L、1000mg/L）在 80℃下的黏度，评价 FA 的增黏性能；将浓度为 1000mg/L 的 FA 溶液分为 5 个老化罐，置于 150℃的烘箱中老化。定期取出老化罐中的溶液，分别用 Brookfeld 黏度计和 zeta 电位分析仪（Zetasizer Nano zs）进行黏度测试和水动力粒度测试，计算黏度保留率和水动力半径随老化时间的变化。

图 5.5 为 150℃时 FA 溶液的黏度保留率曲线和水动力粒径变化曲线。从图 5.5（a）可以看出，FA 溶液具有一定的增黏性能：当浓度为 1000mg/L 时，其黏度为 9.89cP，保证了其良好的注入性能。高温老化 1d 后，溶液黏度略有升高，这主要是因为 FA 具有亲水和疏水官能团，在溶液制备后可以继续缔合形成空间结构。此外，高温会破坏分子内缔合结构，促进分子运动，增加分子间缔合的机会。这也导致了分子空间结构的形成，使得分子的水动力尺寸增大，如图 5.5（b）所示，最终维持甚至增加了溶液的黏度。随着老化时间的延长，分子间缔合结构逐渐被破坏，溶液的黏度逐渐降低，对应于图 5.5（b）中水动力粒径分布曲线的左移。老化 10d 后，FA 溶液的黏度保留率为 77.76%，具有良好的耐温稳定性。

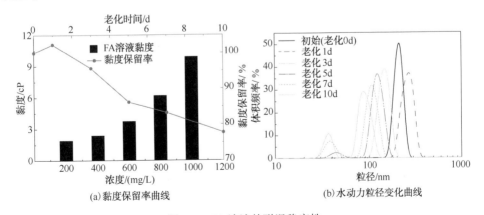

(a)黏度保留率曲线　(b)水动力粒径变化曲线

图 5.5　FA 溶液的耐温稳定性

5.1.4 耐温 CO_2 泡沫体系构筑

本研究中的发泡剂选用一种商业产品两性甜菜碱表面活性剂 EBB，泡沫稳定剂选用上海 Sigma-Aldrich 试剂有限公司的纳米 SiO_2。

（1）实验步骤和方案

发泡剂 EBB 为两性表面活性剂，具有良好的发泡性能。FA 可以与 EBB 复配使用来提高体系的耐温性和泡沫的稳定性。但同时，FA 是丙烯酰胺与功能单体的共聚物，具有界面活性和发泡性能。首先，我们比较了不同浓度的 EBB 和 FA 溶液的发泡性能，并优化了最佳的 EBB 浓度。然后，以最佳的 EBB 浓度为基础，优化 EBB 与 FA 的最佳配比。其次，比较 EBB 与 EF（EBB+FA）复合体系在高温条件下的 CO_2 发泡性能，评价 EF 体系的协同效应。最后，引入纳米 SiO_2 作为泡沫稳定剂，对 EFS（EBB+EA+Nano-SiO_2）复合体系的高温发泡性能进行了评价，具体实验方案如表 5.1 所示。

表5.1 泡沫性能评价实验方案

组数	泡沫体系	浓度			温度和压力	目标
		EBB	FA	Nano-SiO_2		
1	EBB	0.05	/	/	常温常压	优选 EBB 浓度
2		0.10	/	/		
3		0.20	/	/		
4		0.30	/	/		
5		0.50	/	/		
6	EF（EBB+FA）	0.20	0.10	/		优化 EBB 和 FA 的配比
7		0.20	0.30	/		
8		0.20	0.50	/		
9	FA	/	0.10	/		评价 FA 的发泡性能并做对照实验
10		/	0.30	/		
11		/	0.50	/		
12	EFS（EBB+FA+Nano-SiO_2）	0.20	0.30	0.05		验证 Nano-SiO_2 的稳泡性能
13	EBB	0.20	/	/	150℃，6.0MPa	验证 EFS 高温稳定性能的优越性
14	EF	0.20	0.30	/		
15	EFS	0.20	0.30	0.05		

在室温和高温（150℃和 6MPa）条件下，分别使用 Waring 搅拌器和高温高压可视泡沫发生仪对泡沫性能进行评价，选择最佳发泡体系。Waring 搅拌器的具体

实验过程如下：①向搅拌器中倒入 100mL 发泡剂溶液；②向搅拌器中注入 CO_2 1min，生成 CO_2 环境；③以 3000r/min 的转速剪切溶液 2min，同时保持连续注入 CO_2；④将容器内的泡沫倒入量筒中，用保鲜膜封住入口；⑤记录泡沫体积和半衰期。高温高压 CO_2 的发泡性能评价实验步骤如下：①向发生器内倒入 300mL 发泡剂溶液，安装密封端盖；②将气体出口背压阀压力设置为 6MPa，由 CO_2 气瓶向可视舱内注入 CO_2 气体，直至压力达到 5MPa；③打开加热装置，将可视舱加热至 150℃，期间 CO_2 热膨胀，直至舱内压力超过 6MPa 自动排出，同时压力保持在 6MPa；④温度稳定后，打开搅拌器，以 3000r/min 的速度剪切 2min，直至泡沫充分发泡；⑤通过观察窗记录泡沫体积和溶液半衰期。

（2）EBB 与 FA 浓度优选

图 5.6 对比了不同浓度的 EBB 和 FA 溶液的发泡性能。可以发现，EBB 溶液的发泡性能明显优于 FA 溶液。随着 EBB 溶液浓度的增加，其泡沫体积逐渐增大。当浓度达到 0.2%（质量分数）时，发泡量超过 200mL，发泡性能优异。但随着 EBB 溶液浓度的增加，泡沫半衰期先增大后减小，当浓度为 0.3%（质量分数）时，泡沫半衰期最大值为 280s。这是因为将浓度增加到临界胶束浓度（CMC）会影响表面活性剂分子在气液界面的吸附状态，从而影响泡沫的大小和质量，导致稳定性下降。考虑到泡沫体积、稳定性和经济性，后续研究中，EBB 的最佳浓度为 0.2%（质量分数）。同时，当 FA 浓度为 0.1%（质量分数）时，溶液很难完全起泡，搅拌后倒入量筒的溶液虽然呈乳白色，但在 100mL 刻度线附近可以发现明显的气液界面。当 FA 的浓度增加到 0.3%（质量分数）和 0.5%（质量分数）时，可以充分发泡，但发泡性能远不如 EBB。

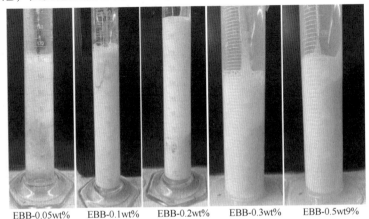

EBB-0.05wt%　　EBB-0.1wt%　　EBB-0.2wt%　　EBB-0.3wt%　　EBB-0.5wt9%

(a)不同浓度EBB溶液发泡后的泡沫形态

图 5.6　EBB 和 FA 的发泡性能

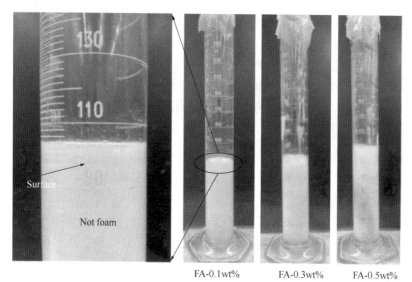

(b)不同浓度 FA 溶液发泡后的泡沫形态

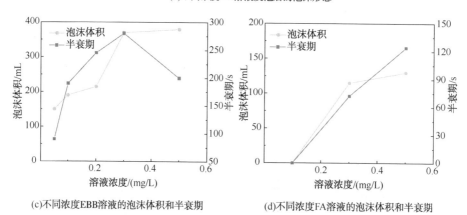

(c)不同浓度EBB溶液的泡沫体积和半衰期　　(d)不同浓度FA溶液的泡沫体积和半衰期

图 5.6　EBB 和 FA 的发泡性能(续)

　　EF 和 EFS 的泡沫性能比较见表 5.2。可以发现，在一定浓度范围内，EBB 和 FA 的复配使用可以增强溶液的发泡性能。随着 FA 浓度的增加，EF 体系的泡沫体积和半衰期先增大后减小，当 FA 浓度为 0.5%(质量分数)时，泡沫性能不如 EBB 溶液。因此，EF 体系的优选配方为 0.2%(质量分数)EBB+0.3%(质量分数)FA。在此基础上，引入纳米 SiO_2，发现 EFS 体系的发泡性能与 EF 体系基本相同，但稳定性反而下降。

表 5.2 EF 和 EFS 的发泡性能对比

序号	发泡剂	泡沫体积/mL	半衰期/s
1	0.2%(质量分数)EBB	240	245
2	0.3%(质量分数)FA	115	72
3	0.2%(质量分数)EBB+0.1%(质量分数)FA	255	297
4	0.2%(质量分数)EBB+0.3%(质量分数)FA	275	352
5	0.2%(质量分数)EBB+0.5%(质量分数)FA	235	193
6	0.2%(质量分数)EBB+0.3%(质量分数)FA+0.05%(质量分数)SiO₂	275	314

（3）泡沫体系微观稳定机理

以发泡体积为横轴，半衰期为纵轴，FA 溶液（黑色圆圈）、EBB 溶液（黑色方块）、EF 体系（红色三角）、EFS 体系（蓝色圆球）的发泡性能如图 5.7 所示。图 5.6 和图 5.7 所观察到的现象可以用发泡体系分子在气液界面的吸附状态来解释。图 5.7(a)为 EBB 分子在界面膜上的排列示意图。EBB 分子倾向于使界面张力最小化，并在界面膜上均匀排列，降低了泡沫液膜排水速度和气泡聚结速度，增强了泡沫的稳定性；由于 FA 分子链较长，活性官能团数量远低于 EBB 分子，因此在界面膜处的吸附量明显减少，如图 5.7(b)所示。只有当 FA 浓度足够高时才能产生稳定的泡沫，但泡沫体积和半衰期明显低于 EBB 溶液。FA 单独使用时，黏度的增加对于提高液膜强度的作用效果不明显；复合体系 EE 具有明显的协同作用，如图 5.7(c)所示，EBB 分子和 EA 分子相互穿插并吸附在界面膜上。一方面充分利用了 EBB 分子的发泡性能，同时也发挥了 EA 溶液的液膜强度增强性能，使得 EF 体系的泡沫体积和半衰期显著增加；然而，随着 FA 浓度的不断增加，它会与 EBB 分子在界面膜处产生竞争吸附，从而削弱 EBB 分子的吸附量，如图 5.7(d)，导致泡沫体积和半衰期明显减小。本文选择的 EBB 溶液浓度为 0.2%，也为 FA 分子在界面上的吸附留下了一定的空间，这也是 EF 体系产生协同效应的基础。

以上现象说明，发泡体系泡沫稳定性能好的前提是充分产生泡沫，发泡剂与稳定剂的质量比是非常重要的。大量文献表明，纳米 SiO₂ 可以通过与表面活性剂的静电相互作用形成三维网状结构，增强液膜的厚度和强度，达到稳定泡沫的效果。然而，本文所使用的复合体系 EFS 泡沫稳定性反而降低了，这可以从两点来解释：①EFS 体系的泡沫性能优于 EBB 溶液，纳米 SiO₂ 对泡沫性能的增强能力弱于 FA 分子，纳米 SiO₂ 的引入限制了 FA 分子在界面膜上的吸附，导致协同效果较差；②由于 FA 溶液具有一定的黏度，纳米 SiO_2 在溶液中的热运动受到限制。因此，更多的纳米粒子与 FA 分子聚集，而不是与 EBB 分子聚集，无法形成有效的空间网络结构。同时，纳米 SiO_2 的吸附增加了液膜的重量，促进了液膜的排水，导致泡沫性能变差，如图 5.7(e) 所示。

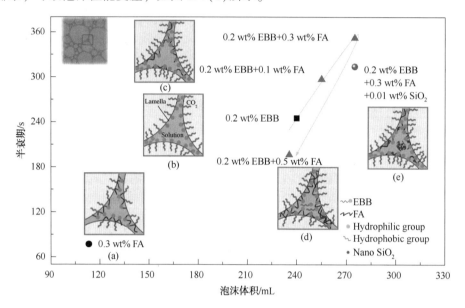

图 5.7　EF 和 EFS 发泡体系的发泡性能及 EBB、FA 和
纳米 SiO_2 分子在片层上的吸附示意图

（4）耐温 EFS 泡沫体系性能

选择最佳泡沫体系后，需要对其耐温性能进行评价。在 150℃、6MPa 条件下，EBB 溶液、EF 体系、EFS 体系的泡沫体积变化如图 5.8 所示。可以发现，与室温下的结果一致，复合体系 EF 的发泡体积比 EBB 溶液略有增加，半衰期大大提高。不同之处在于复合体系 EFS 的发泡性能进一步提高，发泡体积达到 500mL 以上，半衰期达到 106min。这主要是因为温度的升高增加了纳米 SiO_2 颗粒的热运动，使其更多地与 EBB 分子接触，形成空间网络结构。此外，纳米 SiO_2 是一种耐温性好的材料，可以弥补 FA 溶液在高温条件下泡沫稳定效果的不足，进一步延长半衰期。

表 5.3 给出了室温和高温下泡沫性能的比较。可以发现，在高温下，发泡率明显降低，主要是因为此时形成的泡沫密度更大，从而导致半衰期更长。对比高温和室温实验中 FA 和纳米 SiO_2 的协同效应，可以发现在高温条件下添加 FA 和纳米 SiO_2 对增加泡沫体积和延长泡沫半衰期的效果更为显著。

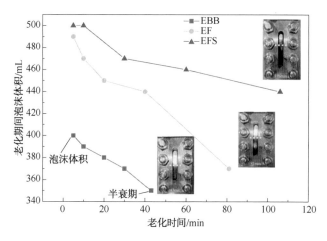

图 5.8　EBB、EF、EFS 溶液泡沫体积变化情况

表 5.3　室温与 150℃泡沫性能比较(发泡率为泡沫与溶液体积比，协同作用是指复合体系泡沫的发泡体积和半衰期与 EBB 的发泡体积和半衰期之比)

泡沫体系	室温，100mL 溶液					150℃，300mL 溶液				
	起泡体积/mL	发泡率	协同作用	半衰期/s	协同作用	起泡体积/mL	发泡率	协同作用	半衰期/s	协同作用
EBB	240	2.40	—	245	—	400	1.33	—	43	—
EF	250	2.50	1.04	352	1.44	490	1.63	1.23	81	1.88
EFS	250	2.50	1.04	314	1.28	>500	>1.67	>1.25	106	2.47

5.2　泡沫注入性能

(1) 实验方案

在优化发泡体系的最佳配方并验证其协同耐温效果后，有必要对泡沫的注入性能进行评价。选择直径为 2.5cm、长度为 30cm、有效渗透率约为 200mD 的圆柱形岩心进行评价。为了更真实地模拟泡沫的原位生成过程，实验中采用天然岩心进行发泡，确保泡沫在进入目标岩心之前充分生成。实验流程图如图 5.9 所示。先将 CO_2 气体和发泡剂溶液共同注入到天然岩心中，然后输出的泡沫通过观察窗口流入实验岩心，进行注入性实验。在开始注入前，必须确保泡沫在天然岩心中稳定产生，保证定量注入后续实验所需的溶液体积。实验过程中，在出口端设置 15MPa 的背压，利用差压传感器测试岩心的注采压差。通过阻力系数 R_F 和残余阻力系数 R_{RF} 对 EFS 泡沫的注入性能进行评价，主要受注入速度和泡沫质量的影响，通过气液比进行模拟。具体实验方案如表 5.4 所示，实验温度为 150℃。

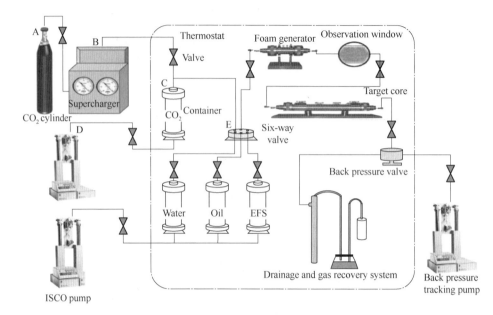

图 5.9 实验流程图

表 5.4 EFS 泡沫体系注入性评价实验方案

序号	渗透率/mD	注入速度/(mL/min)	气液比(CO$_2$/EFS)
1	186.68	0.4	5∶1
2	193.86	0.4	3∶1
3	197.66	0.4	1∶1
4	201.61	0.2	3∶1

具体实验过程为：①用真空泵抽真空 4h，自吸饱和模拟水，孔隙体积记为 V_p；②连接实验装置，在高压 18MPa 下检查系统气密性 1h；③将 CO$_2$ 气瓶与气体增压仪连接，向活塞容器内注满 CO$_2$ 至实验所需压力，CO$_2$ 加压工艺采用 A-B-C 管线流程，此后关闭该管线，开启 D-C-E 管线作为后续 CO$_2$ 注入工艺；④注入模拟水，直至压差稳定（Δp_{wa}），并根据达西定律计算渗透率；⑤用 ISCO 泵将 EFS 系统与 CO$_2$ 气体以恒定速率共注入岩心，记录压差为 Δp_f，当注入量达到 2PV 时关闭 CO$_2$ 容器阀；⑥继续注入模拟水，直至压差稳定在 0.5PV，记录压差为 Δp_{wb}。实验中采用排水产气法记录液气产量，采用差压传感器记录生产压差。为了更好地测量气体和液体，将质量分数为 0.2% 的消泡剂 BYK-1704 溶解在排水气体回收装置的水中。

可以用三个稳定压力根据公式 5.1 和公式 5.2 计算 R_F 和 R_{RF}。

$$R_{\mathrm{F}} = \frac{\Delta p_{\mathrm{f}}}{\Delta p_{\mathrm{wa}}} \qquad (5.1)$$

$$R_{\mathrm{RF}} = \frac{\Delta p_{\mathrm{wb}}}{\Delta p_{\mathrm{wa}}} \qquad (5.2)$$

（2）EFS 泡沫的注入性能

四组 EFS 泡沫注入性实验的注入压力曲线如图 5.10（a）所示。注水阶段的注入压力迅速趋于稳定，且基本一致，保证了实验结果的准确性。在泡沫驱替阶

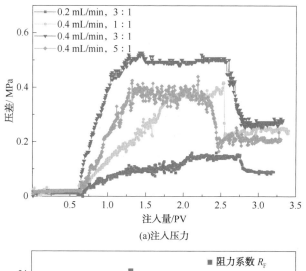

(a)注入压力

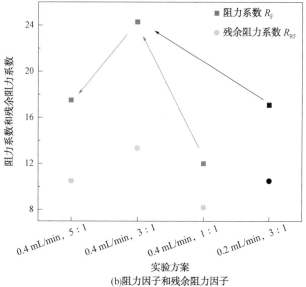

(b)阻力因子和残余阻力因子

图 5.10　EFS 泡沫体系的注入性能

段，注入压力快速上升后趋于稳定，在后续气驱阶段，注入压力逐步下降并保持稳定。注入泡沫后，注入压力曲线有明显的波动，这是岩心内泡沫的动态生成、堵塞和破裂造成的。注入速度为 0.4mL/min、气液比为 3∶1 时，注入压力最高，增阻效果最好；注入速度为 0.4mL/min、气液比为 5∶1 时，注入压力波动最剧烈，说明气液比过高不利于泡沫的形成。可以看出，增加注入速度会增加注入压力曲线的斜率，但增加气液比斜率会先使其增大后减小。通过注入压力曲线可以初步阐明 EFS 泡沫体系具有最佳的注射速率和气液比。图 5.10(b)计算并绘制了 4 组实验的 R_F 和 R_{RF}，均在 12 和 8 以上，具有较好的增阻效果。

泡沫质量决定了泡沫的形态和稳定性，所以随着气液比的增加泡沫尺寸先减小后增大。当气液比为 3∶1 时，泡沫体系密度最大，如图 5.11 所示。因此，后续驱油实验选择注入速度为 0.4mL/min、气液比为 3∶1。

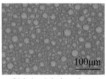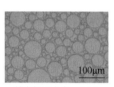

(a)0.4 mL/min, 5∶1　　(b)0.4 mL/min, 3∶1　　(c)0.4 mL/min, 1∶1　　(d)0.2 mL/min, 3∶1

图 5.11　4 组 EFS 注入实验的泡沫形态

5.3　泡沫辅助 CO_2-EOR 效果

（1）实验方案

在明确了 EFS 泡沫体系的注入性能后，还需要对其驱油效果和 CO_2 封存效果进行评价。通过对比 CO_2 驱油和 CO_2 泡沫驱油的 EOR 效果，评价了 CO_2 泡沫对抑制气窜和扩大波及体积的影响。同时，根据质量守恒原理，可以得到 CO_2 在岩心中的封存量，并定量划分出各封存机制的贡献率。驱替实验包括 3 次 CO_2 驱替实验和 1 次 CO_2 泡沫驱替实验。3 个 CO_2 驱油实验的背压阀压力分别设置为 5MPa、15MPa 和 30MPa，分别模拟 CO_2 气体、超临界 CO_2 和近混相 CO_2 驱油过程。由于中国大部分油藏难以实现 CO_2 与原油在储层中的混相，故 CO_2 泡沫驱背压设为 15MPa。实验在 150℃下进行，具体实验方案如表 5.5 所示，其中气液比为地层压力和温度条件下的结果。所用模拟地层水盐度为 5575mg/L，实验用油为渤海油田原油，100℃时黏度为 7.8cP，55℃时 API 比重为 21.18。原油与 CO_2 的最小混相压力约为 33MPa。

表 5.5   气驱与泡沫驱实验方案

序号	实验	注入速度/(mL/min)	气液比	背压/MPa	驱替流程
1	CO_2驱	0.4	3:1	5	注入 CO_2 直至不产油
2		0.4	3:1	15	
3		0.4	3:1	30	
4	CO_2泡沫驱	0.4	3:1	15	注入 CO_2 至气窜转为 CO_2 和 EFS 同注 0.8PV，再次转为 CO_2 驱至无油产出

具体实验过程为：①用真空泵抽真空 4h，自吸饱和模拟水，记录孔隙体积 V_p；②连接如图 5.9 所示的实验装置，在高压 18MPa 下检查系统气密性 1h；③将 CO_2 气瓶与气体增压机连接，向活塞容器内充入 CO_2 至实验所需压力；④以 0.05mL/min 的速度向岩心注入原油，待出口无水后，将注入速度提高至 0.5mL/min，继续注入 1PV 原油，将采出水量记为饱和原油量 V_o；⑤驱替阶段，a. CO_2 驱油以 0.4mL/min 的恒定注入速度注入 CO_2，直至出口无油产出；b. CO_2 泡沫驱以 0.4mL/min 的恒定注入速度注入 CO_2 至气窜，然后以 0.4mL/min 的总恒定注入速度将 CO_2 与 EFS 系统共同注入 0.8PV，最后以 0.4mL/min 的恒定注入速度注入 CO_2，直至出口无油。在整个实验过程中，仍然使用短芯进行充分发泡。实验中采用排水产气法记录液气产量，采用差压传感器记录生产压差。

（2）CO_2 驱气窜规律及 EOR 效果

3 组 CO_2 驱油实验的特征参数曲线如图 5.12 所示。初始 CO_2 注入阶段为无气采油阶段，累积气液比为零。随着储层压力的增大，CO_2 突破时间逐渐推迟。3 组实验气体突破时刻分别为 0.33PV、0.18PV 和 0.13PV，相应的采收率分别为 47.84%、24.00% 和 10.97%。这表明，当储层压力更接近混相压力时，CO_2 驱的波及效率更高。同时，CO_2 突破并不意味着气窜，突破后仍有一段快速的携油期。

从图 5.12 中 3 条曲线的形态可以看出，累积气液比先缓慢增大后迅速增大，对应的是携油阶段和气窜阶段。曲线斜率的变化一方面是由于产油量的减少，另一方面是由于 CO_2 达到了注采平衡，导致更多注入的 CO_2 被产出。可通过分段线性拟合得到两条拟合直线的交点，定义为气窜时刻。当储层压力为 30MPa、15MPa 和 5MPa 时，气窜时刻分别为 1.30PV、0.89PV 和 0.85PV。上述 3 组实验分别对应于近混相驱替、超临界 CO_2 驱替和 CO_2 气体驱替。实验结果表明，CO_2 近混相驱能显著提高 CO_2 波及能力，延缓气体突破和窜流时间。超临界 CO_2 虽然也能延缓 CO_2 突破和气窜的发生，但其效果远低于近混相驱。这是因为近混相驱原油与 CO_2 之间的 IFT 大大降低，从而降低了气体进入未波及井孔喉的毛细力，极大地扩大了波及体积，延缓了气窜。超临界 CO_2 的密度增大，但黏度不变，限制了超临界 CO_2 扩大波及的能力。

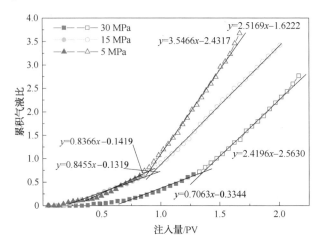

图 5.12　3 组不同压力 CO_2 驱气窜规律研究

图 5.13 为 3 组 CO_2 驱替实验的采收率曲线，其最终采收率分别为 73.09%、55.67% 和 40.65%。近混相驱无疑具有最高的驱油效果；虽然超临界 CO_2 驱延迟气窜的效果不明显，但与 CO_2 驱相比，仍可提高采收率 15.02%。这主要因为其在气窜前具有更高的采收率，且气窜后仍具有较高的提高采收率效果。

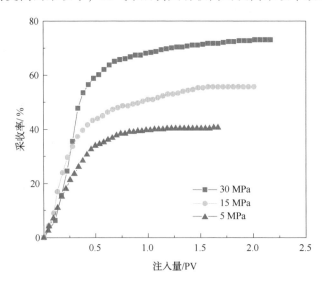

图 5.13　3 组 CO_2 驱提高采收率曲线

（3）CO₂泡沫驱提高采收率效果

图 5.14 为 CO_2 泡沫驱替特征参数曲线及 EOR 和 CO_2 封存效果。CO_2 泡沫驱替实验中 CO_2 驱油阶段气体突破时间为 0.19PV，根据 CO_2 气窜规律选定气窜时间为 0.9PV。气体突破和气窜时刻的原油采收率分别为 23.61% 和 47.21%，气窜时的累积气液比为 0.91，表明本实验具有良好的平行对比效果。在 CO_2 气窜后，EFS

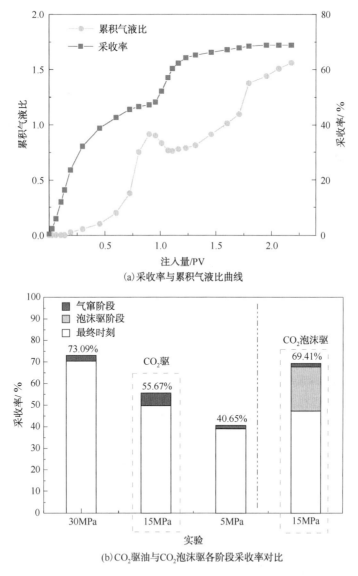

(a)采收率与累积气液比曲线

(b)CO₂驱油与CO₂泡沫驱各阶段采收率对比

图 5.14 泡沫驱特征参数曲线及 EOR 和 CO_2 封存效果

体系与 CO_2 同注可显著降低累积气液比，提高采收率。注入 0.5PV 泡沫后，累积气液比开始上升，提高采收率曲线也趋于稳定。后续气驱阶段累积气液比急剧增加，注入 0.1PV CO_2 后无油采出。由于 CO_2 泡沫驱有 EFS 溶液的注入和采出，使得累积气液比降低，图 5.14（a）中累积气液比曲线值明显小于图 5.12。图 5.14（b）是 3 组 CO_2 驱和 1 组 CO_2 泡沫驱在气窜阶段、泡沫驱阶段和最终时刻的采收率对比图。研究发现，在 150℃ 下，CO_2 泡沫驱在气窜基础上可提高采收率 22.20%，比 CO_2 驱提高 13.74%。相较于 CO_2 驱油，CO_2 泡沫驱油可以获得更高的采收率，其主要机理有三种。①发泡剂具有界面活性，可降低原油与 CO_2 之间的界面张力；②EFS 与 CO_2 同注增加了流动阻力；③CO_2 泡沫可以通过贾敏效应在孔喉处滞留，起到调驱的作用，扩大波及体积。文献对比结果表明，泡沫驱的提高采收率效果高于水气交替注入，这也凸显了泡沫调驱的重要性。

5.4 CO_2 封存机理贡献率

用质量守恒定律计算 CO_2 的封存速率。文中所有体积均为根据 PVT 实验换算的储层条件 CO_2 体积。在 CO_2 注入性实验中采用排水采气法收集并记录采出水相体积（V_{wo}）和 CO_2 体积（V_{co}），通过泵速计算注入水相体积（V_{wi}）和 CO_2 体积（V_{ci}）。CO_2 封存率（η）可由公式 5.3 计算。

$$\eta = \frac{V_s}{V_p} \times 100\% \tag{5.3}$$

$$V_S = V_{ci} - V_{co} \tag{5.4}$$

在 CO_2 注入实验中，其封存机理主要包括水溶解封存、油溶解封存和滞留封存（游离 CO_2）。其中，滞留封存为 CO_2 占据被驱替采出的原始饱和水所在的孔喉实现滞留，水溶解封存是指溶解在地层中的 CO_2。滞留封存量可由公式 5.5 计算，水溶解封存量（V_{sw}）为总封存量与滞留封存量之差，如公式 5.6 所示。因此，以上两种封存机理对 CO_2 封存量的贡献可以定量划分。

$$V_{Sf} = V_{wo} - V_{wi} \tag{5.5}$$

$$V_{Sw} = V_{Sf} + V_{Sw} = (V_{ci} - V_{co}) - (V_{wo} - V_{wi}) \tag{5.6}$$

式中，η 为 CO_2 封存率；V_{Sw} 为 CO_2 总封存体积，mL；V_{ci} 为 CO_2 注入体积，mL；V_{co} 为 CO_2 产量，mL；V_{Sf} 为滞留封存量，mL；V_{wo} 为采出水体积，mL；V_{wi} 为注入水体积，mL；V_{sw} 为水溶解封存量，mL。

在驱油实验中 CO_2 储存率和总封存体积也可由公式 5.3 和公式 5.4 计算。此时 CO_2 储存主要包括水溶解封存、油溶解封存和滞留储存。由于岩心已被油相饱和，滞留封存量(V'_{sf})可由公式5.7计算。假设在压力和温度一定的情况下，单位水中溶解的CO_2体积不变，则水溶解封存量(V'_{sw})可由公式5.8计算。油溶解封存量(S_{fo})是总封存量、滞留封存量和水溶解封存量之差。计算步骤和示意图如图5.15所示。

$$V'_{Sf} = V_{wo} + V_{oo} - V_{wi} \tag{5.7}$$

$$V'_{Sw} = \frac{V_{Sw}}{V_p + V_{wi} - V_{wo}} \times (V_p - V_o + V_{wi} - V_{wo}) \tag{5.8}$$

$$V_S = V'_{Sf} + V'_{Sw} + V_{So} \tag{5.9}$$

式中，V'_{sf}为驱油实验滞留封存量，mL；V_{oo}为采油量，mL；V'_{sw}为水溶解封存量，mL；V_o是油的饱和体积，mL。

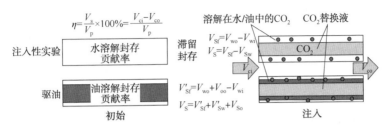

图5.15 CO_2封存机理计算与劈分流程

根据上述计算方法，对EFS-CO_2泡沫注入性实验、CO_2驱油实验和EFS-CO_2泡沫驱油实验过程的CO_2封存量进行计算和总结，如表5.6所示。4组CO_2泡沫注入实验的封存率均在50%~54%，滞留封存的贡献率均在88%以上。虽然CO_2易溶于水，但在实验室规模和较短的实验周期内，其对CO_2的封存作用很小。气液比过大或过小都不利于CO_2封存，主要是因为泡沫质量直接影响泡沫的携液能力。当注入速率降低到0.2mL/min时，由于低速率注入可以延迟CO_2的窜流时间，增加其波及体积和滞留封存空间，因此获得了最高的存储率。同时，降低注入速度后，在相同的注入量下，注入时间延长，从而增加了水溶解封存量。当储层压力为15MPa时，单位体积残余水中溶解的CO_2体积约为0.1mL。Wang等人总结了CO_2在不同盐度、不同温度水中的溶解度。当温度为155℃，盐度为5000mg/L时，CO_2的溶解度随压力呈二项式变化$y = -0.0157x^2 + 1.6204x + 0.3726$（其中$y$为$CO_2$溶解度，$Sm^3/m$；$x$为压力，MPa）。由此可以计算出，油藏压力为5MPa和30MPa时，单位水溶解CO_2的体积分别为0.114mL和0.082mL，这将作为驱替实验中计算水溶解封存量和油溶解封存量的依据。

表 5.6　不同封存率计算关键参数及最终贡献比

序号	实验	方案	封存率/%	不同封存机理贡献率		
				滞留封存/mL	水溶解封存/mL	油溶解封存/mL
1	注入性实验	0.4mL/min，5∶1	50.80	90.57	9.43	/
2		0.4mL/min，3∶1	52.74	90.86	9.14	/
3		0.4mL/min，1∶1	50.25	88.64	11.36	/
4		0.2mL/min，3∶1	53.80	89.88	10.12	/
5	CO_2驱	30MPa	64.24	87.56	2.97	9.48
6		15MPa	58.46	73.61	4.08	22.30
7		5MPa	50.51	65.16	4.71	30.13
8	CO_2泡沫驱	EFS泡沫	62.00	79.97	4.31	15.72

图 5.16 为 3 组 CO_2 驱替实验和 1 组 CO_2 泡沫驱替实验的 CO_2 封存率及滞留封存、水溶解封存、油溶解封存的贡献率对比。结果表明，CO_2 近混相驱储气率最高为 64.24%，随储层压力的降低，储气率逐渐降低。超临界 CO_2 驱油的贡献率为 58.46%，比同等条件下 CO_2 泡沫注入性实验提高了约 5.0%。这主要是因为在驱油实验中 CO_2 能溶解于原油，其溶解度远大于水。随着储层压力的降低，原油产量的减少是封存率下降的最根本原因。这也导致滞留封存贡献率随着储层压力的降低而显著降低，而油溶解封存的贡献率则显著增加。

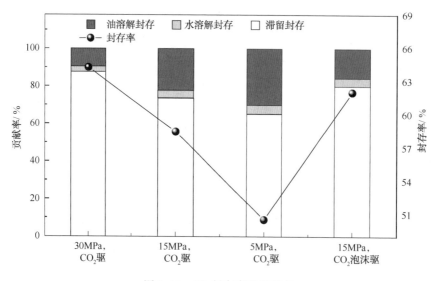

图 5.16　CO_2 封存率及贡献率

驱油过程中，CO_2滞留封存占比最大，油溶解封存次之。在不注水的前提下，水溶解封存的贡献占比较小。由于 CO_2 泡沫驱油采收率较高，滞留封存贡献率高于超临界 CO_2 驱油，油溶解封存的贡献率较低。同时，由于 CO_2 泡沫驱注入了一部分 EFS 溶液，增加了岩心中残余水相的体积，因此水溶解储存的比例略有增加。在相同实验条件下，CO_2 泡沫驱注入 CO_2 体积为 68.38mL，比超临界 CO_2 驱减少 15.23%。在此基础上，与超临界 CO_2 驱油相比，CO_2 的储存速率可提高 3.53%，对 CO_2 的储存效果有较好的促进作用。

第6章 ▶ O/W乳状液调驱

6.1 O/W 乳状液孔隙介质流动特性

6.1.1 孔隙介质运移特征

由于油藏岩石表面通常具有亲油性，水驱/注蒸汽开发原油油藏结束后，有大量的原油残留于孔隙介质中无法被采出。当乳化降黏剂溶液注入油藏中后，乳化降黏剂分子会作用于岩石表面，使孔道表面由亲油型转变为亲水型，将油滴从岩石表面剥离下来，形成 O/W 乳状液。另外，游离的乳化降黏剂分子可以渗透到较小的孔隙中，提高原油采收率。因此，乳化降黏剂在注入油藏后原位乳状液液滴的形成是原油油藏提高采收率的重要机制。Wang 等人利用微流控模型，分别研究了原油滴在去离子水和 SDS 溶液两种驱替液下的流动行为。研究发现原油与去离子水之间的毛细管力很强。但在表面活性剂驱油的情况下，表面活性剂的吸附不仅使表面更加光滑，大大降低了附着力和摩擦力，而且还降低了毛细管力，使得原油更加容易剥离。

乳化剂的类型、浓度以及岩石表面的性质都会影响原油液滴从岩石表面剥离的速率以及效率。Li 等人研究发现，乳化剂在界面上的吸附会影响到润湿性改变的效率，因为乳化剂分子会改变界面流动的动力边界条件，使其由可动变为不动。乳化剂分子的结构和长度也是影响润湿性快慢的因素。乳化剂作用于孔隙介质表面，使得更多的原油以液滴的形式进入水相中，提高了驱油效率。

O/W 乳状液生成与提高采收率机理研究，如图 6.1 所示。

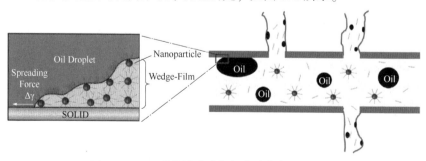

图 6.1 O/W 乳状液生成与提高采收率机理研究

当乳化的油滴在孔隙介质中流动时会遇到细小的喉道，由于贾敏效应的影响，可以实现暂堵的效果，波及面积会有所提高。通过驱替实验研究，Soo 等人证明了 O/W 乳状液液滴的滞留和捕集效应会导致渗透率降低。Yu 等人通过填砂管流动实验研究得到，界面张力越低的 O/W 乳状液液滴在孔隙介质中流动时，封堵效果越强。另外，大量实验研究表明，对于非均质性油藏，O/W 乳状液或原位乳化作用可以对高渗层实现较好的封堵作用，从而引起液流转向，使得低渗层或者未波及的油藏部位得到动用。

Mcauliffe 通过改变加入原油中的表面活性剂的浓度或者改变原油，得到了不同液滴大小的 O/W 乳状液，为研究乳状液在孔隙介质中的瞬态渗透行为奠定了基础。乳状液的形成降低了渗透率，随着液滴直径与喉道直径比值的增大，渗透率降低的幅度也增大。此外，随着注入压力的增大，渗透率降低的速率和程度反而降低。这主要是由于除了贾敏效应引起的附加阻力外，液滴还在孔喉内部受到应变，而且在被孔壁和裂缝拦截时也会受到应变。Arhuoma 等人提出利用 O/W 乳状液在孔隙介质中流动时的表观黏度来表征 O/W 乳状液在孔隙介质中的流动能力。乳状液的界面性质也会影响到其通过细小孔隙介质的能力。液滴粒径小、黏弹性高、稳定性高的乳状液在通过喉道时受到的附加阻力也小，因此，在较小的驱替压力下便能够通过细小孔隙。

O/W 乳状液液滴以不同压降通过流道示意图，如图 6.2 所示。

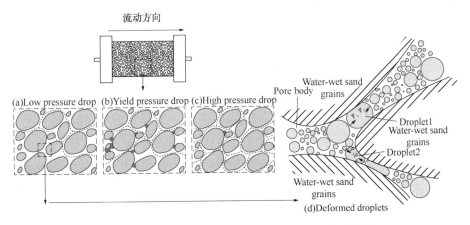

图 6.2 O/W 乳状液液滴以不同压降通过流道示意图

乳状液是一个动态稳定的体系，乳状液液滴会不断地聚并从而形成更大的液滴。当 O/W 乳状液在地层孔隙介质中流动时，同样也会发生乳状液的聚并。一般来说，原位乳状液的形成和流动可以分为三个阶段。乳化驱油剂溶液在注入地层后，首先，将原油从岩石壁面剥离下来，在孔隙介质的剪切作用下形成 O/W

乳状液。其次，随着流动距离的增大，乳状液中油相含量越来越大，乳化驱油剂吸附损失量会增加，原油中的胶质和沥青质等活性物质在油-水界面膜上的吸附能力增强。最后，在驱替前缘形成 W/O 乳状液，乳化驱油剂的指进现象会进一步增强，制约了其提高采收率效果。

6.1.2 乳化降黏特征

通常对乳化降黏剂的降黏效果的评价是在实验室通过研究加入乳化降黏剂之后稠油黏度降低的幅度来进行的。这是不能完全反应地层条件的，因为地层孔隙介质的结构是非常复杂的。为此，设计实验研究 4 种不同类型的乳化降黏剂在常规室内(流变仪测试黏度)以及模拟在地层孔隙介质条件下的乳化降黏效果。两种评价方式的油水比均为 7∶3，降黏剂含量均为 1%。实验结果如图 6.3 和图 6.4 所示。

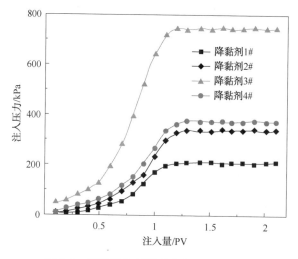

图 6.3　四种降黏剂稠油乳化液注入动态

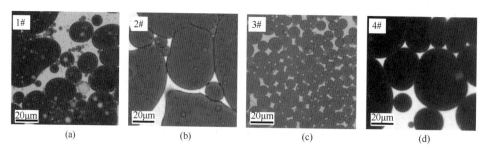

图 6.4　不同降黏剂溶液与稠油乳化状态

6.1.3 O/W 乳状液调剖机理

不同的测试方式导致了不同的实验结果，这是由于尽管 4 种乳化降黏剂在地层孔隙介质的剪切作用下都形成了 O/W 乳状液，但乳化状态却差别很大。一方面，利用流变仪测试黏度时，O/W 乳状液的外相为水相，容易发生滑移作用，导致测试结果不准确；另一方面，O/W 乳状液在流经地层孔隙介质时，由于其分散相油滴大小的差异，会发生不同程度的贾敏效应，如图 6.5 所示。当油相液滴的直径远大于喉道的直径时，O/W 乳状液在地层孔隙介质中流动的附加阻力非常大，导致降黏效果差，稳定流动时的流动压力也大。随着 O/W 乳状液中油相液滴尺寸的减小，贾敏效应逐渐减弱，附加阻力减小，降黏效果变好，稳定流动时的流动压力也降低。当 O/W 乳状液中油相液滴的直径小于喉道直径时，贾敏效应几乎不存在，此时降黏效果最好，稳定流动时的流动压力也最小。

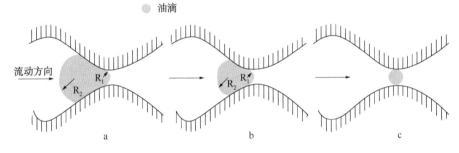

图 6.5 不同粒径油滴通过地层喉道时的贾敏效应示意图

通过分析上述实验结果可以得出，常规流变仪测试乳化降黏剂的降黏效果和模拟地层孔隙介质条件下的降黏效果差异很大。常规方法评价乳化降黏剂的降黏效果是不准确的，应当在模拟地层情况的条件下对其降黏效果进行评价。除了乳化降黏剂的乳化能力之外，O/W 乳状液中油相滴液的直径与地层喉道直径的关系也是判断乳化降黏剂的作用效果的主要依据。

6.2 化学剂与原油的乳化特性

6.2.1 油水界面张力

化学剂通过降低油水界面张力来使得原油更加容易发生形变，从而使其从岩石壁面剥离，以油滴的形式分散于水中而被采出。因此，降低油水界面张力的能力是评价化学剂的重要指标。为此，通过测定 6 种化学剂在不同浓度下的油水界面张力来评价其乳化原油的能力。图 6.6 为油水界面张力随化学剂类型和浓度的变化曲线。可以看出，6 种化学剂均能够加大幅度地降低油水界面张力。如模拟地层水作用下的油水界面张力为 4.721mN · m^{-1}，而在化学剂浓度为 0.1%时，油水界面张力即可降低至 1mN · m^{-1}左右。并且随着化学剂浓度的升高，油水界面张力会进一步降低。但几乎所有的化学剂当浓度高于 0.5%以后，降低油水界面张力的幅度均有所放缓。当化学剂浓度为 0.5%时，#1~#6 化学剂可将油水界面张力分别降低至 0.067mN · m^{-1}、0.351mN · m^{-1}、0.144mN · m^{-1}、0.049mN · m^{-1}、0.268mN · m^{-1} 和 0.077mN · m^{-1}。此时，油水界面张力较初始时分别降低了98.58%、92.56%、96.95%、98.96%、94.43%和 98.37%。说明 6 种化学剂在浓度为 0.5%时均能够大大地降低油水界面张力。

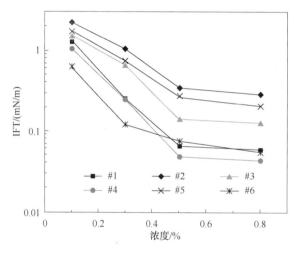

图 6.6　不同化学剂类型及浓度时油水界面张力

6.2.2　乳化状态及粒径

化学剂将原油剥离乳化之后，原油会以油滴的形式分布于水中。化学剂乳化原油形成的乳状液乳化状态以及乳状液粒径同样也是评价化学剂性能的重要指标。为此，对 6 种化学剂在不同浓度下形成的乳状液的微观乳化状态以及平均粒径进行了测试。其中，不同类型和浓度下 6 种化学剂乳化原油形成的 O/W 乳状液微观乳化状态如图 6.7 所示。对应的乳状液平均粒径随浓度的变化趋势如图 6.8 所示。

可以看出，6 种化学剂均能够将稠油乳化形成 O/W 乳状液。并且随着化学剂浓度的升高，乳状液的乳化状态变好，乳状液的粒径降低。当化学剂的浓度为0.1%时，6 种化学剂乳化稠油形成的 O/W 乳状液乳化状态差别特别大。其中#2化学剂形成的乳状液乳化状态最差，形成的 O/W 乳状液粒径也不均匀，平均粒径高达 41.5μm。通常情况下，地层孔隙介质的平均孔隙大小不会超过 15μm。而此时乳状液的粒径远大于孔隙介质的直径，其在孔隙介质中流动时会遭受严重的贾敏效应。而贾敏效应会引发较大的附加阻力，使其在孔隙介质中的流动能力变差。而在相同的浓度条件下，#6 化学剂乳化稠油形成的 O/W 乳状液粒径却仅有 13.7μm，当该粒径的 O/W 乳状液在孔隙介质中流动时，引发的贾敏效应大大降低，流动性大大提高。

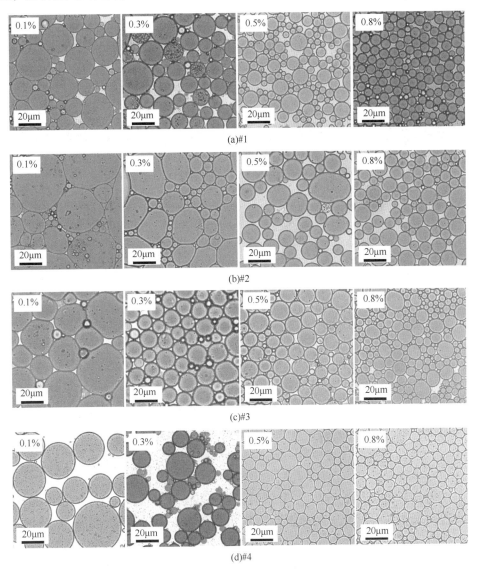

图 6.7 不同类型和浓度下 6 种化学剂乳化原油形成的 O/W 乳状液微观乳化状态

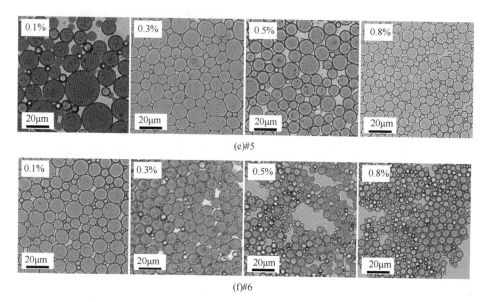

(e)#5

(f)#6

图 6.7　不同类型和浓度下 6 种化学剂乳化原油形成的 O/W 乳状液微观乳化状态(续)

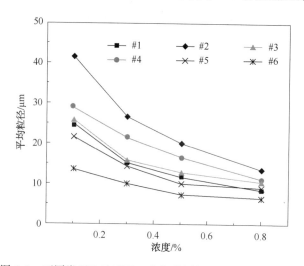

图 6.8　不同类型和浓度下 6 种化学剂乳化原油形成的 O/W
乳状液平均粒径随浓度的变化趋势

随着化学剂浓度的升高,乳状液的乳化状态逐步变好,乳状液的粒径也会有大幅度降低。其中#2 化学剂形成的 O/W 乳状液粒径随化学剂浓度的增大降低最为显著,化学剂的浓度从 0.1%升高到 0.8%,O/W 乳状液粒径从 41.5μm 降低至 13.6μm。而#6 化学剂形成的 O/W 乳状液的粒径虽然变化幅度随化学剂的浓度不大,但是整体来讲其粒径均很小,化学剂的浓度从 0.1%升高到 0.8%,O/W

乳状液粒径从 13.7μm 降低至 6.6μm。浓度高于 0.5% 以后，乳状液粒径降低的幅度变缓，乳状液的粒径开始稳定。当浓度为 0.5% 时，#1-#6 化学剂乳化稠油形成的 O/W 乳状液粒径分别为 11.6μm、20.2μm、12.7μm、16.4μm、10.1μm 和 7.3μm。虽然此时#1、#3 和#5 化学剂形成的 O/W 乳状液的平均粒径相当，但是从乳化状态来看，它们的差别还是比较大的。#1 化学剂形成的 O/W 乳状液粒径分布范围较广，而#3 和#5 化学剂形成的 O/W 乳状液较为均匀。这会导致即使在相当的平均粒径情况下，#1 化学剂形成的 O/W 乳状液中大粒径的液滴在孔隙介质中流动过程中，更加容易发生卡堵，造成乳状液整体的流动性变差。为此，在评价化学剂的乳化能力时，应当综合考虑乳状液的乳化状态以及粒径分布。

6.2.3 黏弹特性

乳状液在孔隙介质中流动时遇到细小喉道或者孔隙时，会发生贾敏效应。贾敏效应会引起附加阻力的增大。O/W 乳状液的弹性变形能力越差，通过细小喉道时遭遇贾敏效应引起的附加阻力就越大。为此，对 6 种化学剂在不同浓度时形成乳状液的黏弹性进行了测试。由于在乳状液的黏弹性表征中，储能模量(G')大于耗能模量(G'')时，表现出以弹性为主的特性；相反，储能模量小于耗能模量时，表现出以黏性为主的特性。为了更加直观的表征乳状液的黏弹性，以 G' 与 G'' 的比值(黏弹性系数)作为纵坐标，化学剂的浓度为横坐标，绘制了不同类型和浓度的化学剂形成 O/W 乳状液黏弹特性，如图 6.9 所示。

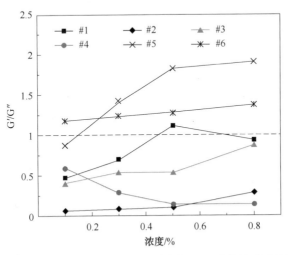

图6.9 不同类型和浓度的化学剂形成 O/W 乳状液黏弹特性

可以看出，#1 化学剂形成的 O/W 乳状液的 G'/G'' 随浓度呈先升高后降低的趋势。只有当浓度为 0.5% 时，G'/G'' 的值才大于1。也就是说#1 化学剂形成的

O/W 乳状液在发生形变时主要表现出以黏性为主的特性。为此，#1 化学剂形成的乳状液在孔隙介质中流动时，弹性变形的能力差，贾敏效应引起的附加阻力大，不利于其在孔隙介质中的流动。#4 化学剂形成乳状液的 G'/G'' 随浓度呈降低的趋势。这主要是由于尽管浓度的增大化学剂吸附于油水界面上的量增大，但是与此同时 O/W 乳状液的粒径得到了大幅度的降低，油水接触面积显著增大，化学剂在油水界面上的吸附密度降低。此外，浓度从 0.1% 增加到 0.8% 时，#4 化学剂形成 O/W 乳状液的 G'/G'' 值远低于 1，所以其在孔隙介质中流动时的弹性变形能力很差，贾敏效应引起的附加阻力很大，造成其流动性很差。

化学剂 #2、#3、#5 和 #6 形成 O/W 乳状液的 G'/G'' 随着化学剂浓度的增大而增大。但是总体上 #2 化学剂形成乳状液的 G'/G'' 值远低于 1，所以其在孔隙介质中流动能力很差。#3 随着浓度的增大，G'/G'' 值逐渐趋近于 1，其在孔隙介质中的流动能力逐步提升。#5 形成 O/W 乳状液的 G'/G'' 值在化学剂浓度高于 0.3% 时开始大于 1，并且随着浓度的增大快速增大，说明高浓度条件下 #5 形成的乳状液弹性变形能力优异，在孔隙介质中的流动能力强。#6 形成 O/W 乳状液的 G'/G'' 值始终大于 1，并在随着浓度的增大而增大。同时，#6 化学剂乳化稠油形成的粒径也很小。为此，在低乳状液粒径和高黏弹性的作用下，#6 形成的乳状液表现出优异的孔隙介质流动能力。

6.2.4 失稳特性

化学剂在注入地层后，将原油乳化形成 O/W 乳状液，并且随着水流动而被采出。但是，O/W 乳状液中的油滴会发生聚并，稠油的液滴逐渐变大。较大的液滴在流经地层时会再次吸附孔隙壁面，从而使得采油效果变差。为此，化学剂乳化稠油形成的 O/W 乳状液的液滴越稳定，越有利于驱油效率的提高。图 6.10 为 6 种不同类型和浓度的化学剂形成 O/W 乳状液失稳动态。

不同化学剂形成乳状液的稳定性差别非常大，并且乳状液稳定性随浓度的变化趋势也不同。大致可分为三种类型：前期快速脱水、中期快速脱水、稳定脱水。其中，#2 和 #4 化学剂形成的 O/W 乳状液稳定性最差，在前 60min 脱水率已经达到 60% 以上。并且，随着化学剂浓度的增大，其乳状液的稳定性并没有得到显著的提升。#1 化学剂形成的 O/W 乳状液的前期稳定性随着浓度的升高逐渐变好。浓度为 0.1% 时，在 30min 左右便开始脱水，并且在 140min 左右脱水率就高于 60%。当浓度升高到 0.8% 时，在 80min 以后才开始脱水，在 240min 左右脱水率才高于 60%。虽然浓度的增大显著提高了 O/W 乳状液的前期稳定性，但在 240min 后脱水率并未有显著降低。浓度从 0.1% 增大至 0.8%，脱水率仅从 72%

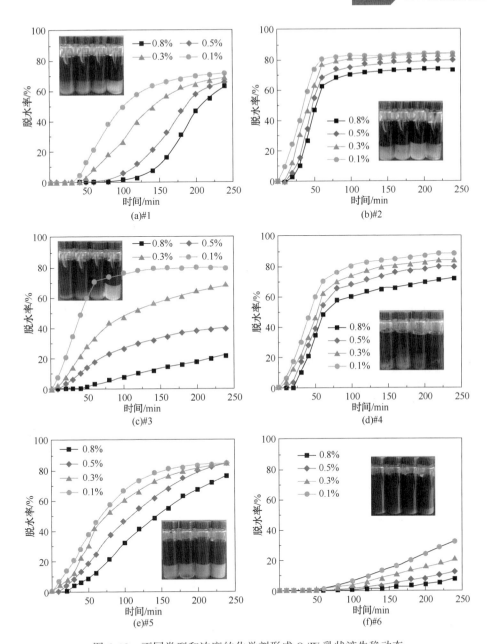

图 6.10 不同类型和浓度的化学剂形成 O/W 乳状液失稳动态

降低至 63%。#3 化学剂形成的乳状液在低浓度条件下稳定性差，前期快速脱水。但随着浓度的升高，O/W 乳状液的整体稳定性显著增强。浓度为 0.1% 时，60min 前快速脱水，脱水率达到了 71%。中后期脱水率基本维持在 80% 以下。浓度升高到 0.5% 后，O/W 乳状液趋向于稳定脱水，240min 后脱水率也仅为 40%。#5

化学剂形成的 O/W 乳状液前期的稳定性较好，但是在中期快速脱水。浓度为 0.1%时，前 30min 的脱水率低于 20%；浓度为 0.8%时，前 60min 的脱水率低于 10%。随着浓度的升高，O/W 乳状液的稳定性并未有显著提升。#6 化学剂形成的稳定性非常好，即使在浓度为 0.1%时，前 60min 脱水率也仅有 1%。240min 后脱水率也仅为 40%。随着浓度的升高，O/W 乳状液的稳定性进一步提升。浓度为 0.8%时，240min 后的脱水率仅有不到 10%。

6.3　孔隙介质乳化特性及对驱油效率的影响

6.3.1　乳化驱油特性

化学驱油过程中的驱油动态是化学剂乳化原油能力以及形成的 O/W 乳状液性能的综合表现。过低的驱油效率会使得投入产出比增大，而过高的注入压力会给现场施工增大难度。表 6.1 为 6 种化学剂驱油效率和最大注入压力的统计。图 6.11 为 6 种化学剂驱替动态和产出液情况。

表 6.1　6 种化学剂驱油效率和最大注入压力的统计

实验编号	化学剂类型	最大注入压力/kPa	驱油效率/%
E-1	#1	3352	56.28
E-2	#2	6514	53.69
E-3	#3	2874	62.65
E-4	#4	5288	49.74
E-5	#5	2600	60.51
E-6	#6	2113	69.01

从表 6.1 可以看出，#4 化学剂的驱油效率最低，仅有 49.74%；而#6 化学剂的驱油效率高达 69.01%。从最大注入压力来看，E-2 最高，达到了 6514kPa；E-6 最小，仅为 2113kPa。这主要是由化学剂乳化稠油的速率以及形成的 O/W 乳状液流动能力不同造成的。在孔隙介质的剪切作用下，化学剂逐渐将稠油乳化为油滴，并且随着流动距离的增大，油滴的粒径逐渐降低直至稳定。化学剂越快将稠油乳化至稳定液滴，最高注入压力越低。此外，油滴稳定流动时，粒径越大，贾敏效应引起的附加阻力就越大；O/W 乳状液的黏弹性越差，贾敏效应引起的附加阻力也就越大。#2 化学剂形成的乳状液粒径最大，并且黏弹性最差。为此，其在孔隙介质中流动时贾敏效应最为严重，最大注入压力也最大。而浓度为 0.5%的#6 化学剂形成的乳状液的平均粒径仅为 7.3μm。并且，在受到压力作

用时发生弹性变形的能力好，贾敏效应引起的附加阻力也低。为此，其在驱油过程中的最大注入压力也低。

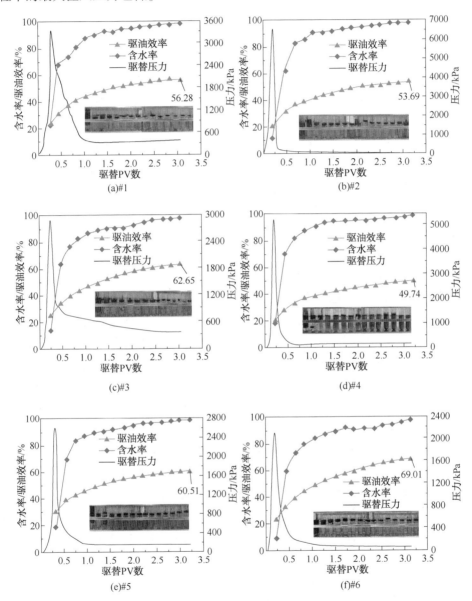

图6.11 6种化学剂驱替动态和产出液情况

在驱替过程中，化学剂乳化稠油形成 O/W 乳状液后，由于贾敏效应引起的附加阻力的增大，会使得在注入的初期注入压力快速升高。当乳状液在孔隙介质中稳定流动时，驱替压力逐渐降低。化学剂乳化稠油越快，初期注入压力升高得也就越迅速。化学剂#1-#6驱替过程中，达到最大注入压力时注入量分别为0.28PV、0.21PV、0.23PV、0.20PV、0.31PV和0.19PV。说明#1化学剂乳化稠油最慢，#6化学剂乳化稠油最快。

化学驱过程中形成的稳定的O/W乳状液的流动性较稠油会有大幅度提升。为此，稠油乳状液在地层中会发生指进现象。同时，主流通道上的乳状液在流经细小喉道时，会发生暂堵现象，使化学剂溶液的波及面积增大。但是，O/W乳状液在流动的过程中由于化学剂的消耗，水相中化学剂的浓度降低，导致乳状液的稳定性同样也降低。O/W乳状液中稠油液滴和水的流动速度也不同。当采出口出水后，含水率会大幅度提升。含水率越大，这种现象越显著。到达高含水阶段后，再很难有原油采出。

6.3.2 O/W乳状液对驱油效率的影响机理

通过上述的研究发现化学剂乳化稠油以及形成的O/W乳状液的性质对化学驱油动态有非常大的影响。O/W乳状液的形成、稳定和流动对驱油动态和驱油效率有很大的影响。图6.12为化学驱过程中O/W乳状液对驱油效率的影响机理。化学剂溶液在进入地层后，首先作用于岩石表面，将原本油湿的岩石表面改变为水湿[图6.12(a)]，这个过程中，在改变润湿性的同时将稠油从岩石表面剥离下来。乳化发生的三个必要因素是：(1)不相混溶的油水两相；(2)乳化剂的存在；(3)乳化必要的动力条件。当稠油和化学剂溶液共同在孔隙介质中流动时，就满足了上述乳化形成的三个必要因素，乳化随即发生。但是，乳化并非是瞬间完成的。形成稳定的乳状液是需要一定的剪切距离的，正如搅拌乳化时需要一定的搅拌时间一样。所以，在O/W乳状液区域的前缘[图6.12(b)]，其油滴的粒径通常较大。这就使得在驱替前缘由于液滴的贾敏效应引起的附加阻力增大，导致注入压力迅速增大。只有当驱替压力大于附加阻力时，大直径的油滴才会被再次剪切乳化为更小粒径的油滴。大粒径的油滴在前缘形成暂堵的作用会使得后续注入的化学剂的流动方向发生改变，这就使得其与更多的孔隙介质以及稠油接触，表现为波及面积增大。在O/W乳状液的中部区域[图6.12(c)]，乳化的油滴粒径比较均匀，在孔隙介质中流动时贾敏效应也较弱，随着乳化带中的稠油采出，水流通道形成，注入压力迅速降低。

为此，化学剂最有效的作用阶段是化学剂注入O/W乳状液驱替前缘在到达采出口时所经历的时间。在这段时间内，乳化剂乳化稠油的量、乳化带的宽度以及O/W乳状液性能共同影响驱油效率。为此，在对化学剂进行筛选时，乳化稠油的速度、形成O/W乳状液的粒径、黏弹性等能力是首要评价的因素。

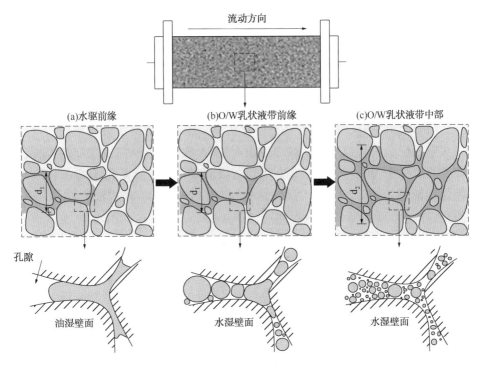

图 6.12 化学驱过程中 O/W 乳状液对驱油效率的影响机理

6.3.3 O/W 乳状液的流动剖面调整特性

O/W 乳状液在形成和稳定流动阶段均匀发生一定程度的贾敏效应，造成附加阻力的增大，会使注入压力升高，主流通道发生一定的改变。由于储层通常都具有非均质性，为此，利用贾敏效应引起的主流通道改变可以在一定程度上起到提高低渗层位的采收率。为此，选用#3 和#6 化学剂进行并联填砂管实验，以研究 O/W 乳状液对主流通道反转的影响。实验设计及驱油效率统计如表 6.2 所示。对应的总驱油动态如图 6.13 所示。实验 D-1 中高渗和低渗透填砂管分流率及驱油效率动态如图 6.14 所示。实验 D-2 中高渗和低渗透填砂管分流率及驱油效率动态如图 6.15 所示。此外，为了研究聚合物调剖和化学驱共同作用时对主流通道反转的影响，在 D-2 实验的基础上，在化学驱结束时，注入 0.3PV 的聚合物溶液，然后继续化学剂驱直至产出液含水率再次高于 98%。该组实验的驱油效率统计如表 6.3 所示，对应的总驱油动态如图 6.16 所示，高渗和低渗透填砂管分流率和驱油效率动态如图 6.17 所示。

从整体的驱油效率来看，D-1 整体的驱油效率达到了 55.70%，D-2 整体的驱油效率为 49.77%。D-1 实验中高渗管的驱油效率为 71.18%，低渗管的驱油效率为 39.72%。而 D-2 实验中高渗管的驱油效率为 54.62%，低渗管的驱油效率为 44.69%。在模拟非均质油藏开发情况下，#3 动用低渗管的效率更高。从驱替压力可以看出，D-2 实验中压力的波峰值要高于 D-1 实验，这主要是因为#3 化学剂形成的 O/W 乳状液的粒径较大，并且乳状液的黏弹性较差。此外，相比于 6.3.3 节的单管驱油实验，在并联填砂管实验中注入压力除了乳化初期的波峰之外，在中期也会出现波峰。D-1 实验中在注入量为 0.5PV 左右出现明显波峰。D-2 实验中在注入量为 1.3PV 左右出现缓慢波峰。这主要是化学剂在孔隙介质中乳化稠油的能力、稳定流动时的时机以及形成 O/W 乳状液的性能不同造成的。

表 6.2　实验设计及驱油效率统计

实验编号	填砂管编号	渗透率/mD	含油饱和度/%	化学剂类型	驱油效率/%	总驱油效率/%
D-1	NO.1	1469	84.7	#6	71.18	55.70
	NO.2	543	86.3		39.72	
D-2	NO.3	1426	85.1	#3	54.62	49.77
	NO.4	546	86.6		44.69	

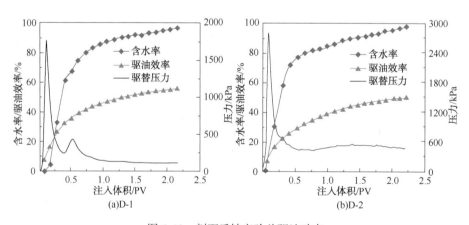

(a)D-1　　(b)D-2

图 6.13　剖面反转实验总驱油动态

#3 和#6 化学剂在孔隙介质中调整注入剖面的能力和方式是不同的。#6 化学剂在注入 0.8PV 左右时注入剖面开始发生反转，此后低渗透管的分流率开始高于高渗透管，但低渗管的分流率最大不超过 80%。在 0.46PV 左右注入剖面再次发生反转，此后高渗透管分流率高于低渗透管。此时高渗透管的分流率迅速升

高，直至 100%。#3 化学剂在注入后优先进入高渗管，高渗管的分流率迅速到达 80% 以上，在注入量为 0.5PV 左右时，高渗管的分流率开始降低。但是，仍然高于低渗透管。在注入量为 1.55PV 左右时，注入剖面开始发生反转。从整体来看，#3 化学剂使注入剖面反转了一次，主要发生在开发的后期。而 #6 化学剂使注入剖面反转了两次，且主要发生在前期。

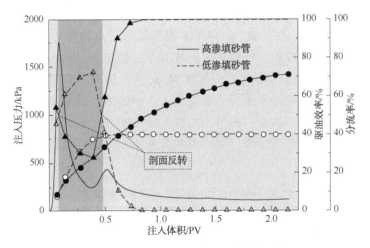

图 6.14　D-1 实验分流率及驱油效率动态

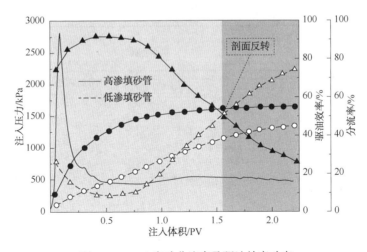

图 6.15　D-2 实验分流率及驱油效率动态

　　D-1 实验从第一次剖面反转到第二次剖面反转，低渗透管的驱油效率迅速升高。高渗透管的驱油效率在第二次剖面反转后仍然持续升高。这主要是由于 #6 化学剂乳化稠油的能力强，其在进入岩心后随即便大量发生乳化，随着乳化量的增大，O/W 乳状液在流经细小喉道时发生贾敏效应，附加阻力增大，驱油剂转而流向低渗管。当#6 化学剂进入低渗透管时也迅速大量乳化稠油。而在低渗管贾敏效应引起的附加阻力的作用下，注入化学剂再次进入高渗管。但是，两次剖面反转均发生在开发的初期，此时主流通道并未形成。因此，剖面反转能够使化学剂的波及面积增大，此时，注入压力相应的增大。所以，在第二次发生剖面反转时能够看到显著的压力波峰。D-2 实验在注入的初期高渗管分流率很大(80%以上)，#3 化学剂溶液大量的进入高渗管。由于#3 化学剂乳化稠油的能力相对较弱，所以在未形成有效的稳定流动时，水流通道便开始形成。随着乳化的推进，#3 化学剂形成 O/W 乳状液的流动能力差，贾敏效应逐渐起到作用。注入流体开始向低渗管流入。但是由于乳化能力的限制，导致其在低渗管的乳化并不显著，所以压力提升特不明显。加之由于油滴的滞留现象，不论是高渗管还是低渗管，采出液的含水率都很高。整体的驱油效率效果较差。

表 6.3　化学驱+聚合物驱+后续化学驱实验的驱油效率统计

实验编号	填砂管编号	驱油效率/%	总驱油效率/%	后续化学驱后驱油效率/%	后续化学驱后总驱油效率/%
D-2-1	NO.3	54.62	49.77	63.27	63.83
	NO.4	44.69		64.41	

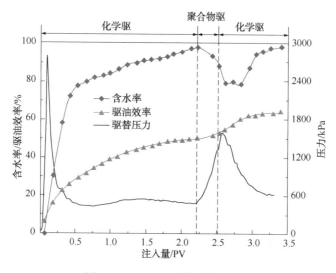

图 6.16　D-2-1 实验总驱油动态

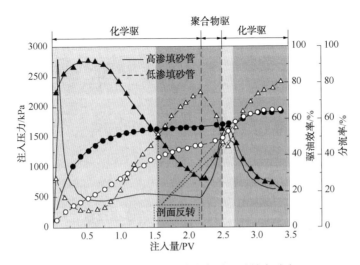

图 6.17　D-2-1 实验分流率及驱油效率动态

　　3#化学剂驱油效率相对较差的主要原因是主流通道对其乳化能力的影响。因为主水流通道形成意味着注入压力的快速降低。而#3 化学剂乳化稠油的能力相对较差，需要较大的剪切压力才能很好地乳化稠油。为此，采用主流通道形成后注入聚合物溶液的方式占据主流通道，研究在此情况下化学的驱油动态。从表6.3 可以看出，在注入聚合物之前，总驱油效率为 49.77%，而在后续化学剂驱之后，总驱油效率达到了 63.83%，提高了 14.06%。而从单管来看，驱油效率也都得到了较大的提升，并且实现了较为均匀的开采剖面。低渗透管驱油效率从44.69%提高到了 64.41%。高渗管的驱油效率从 54.62%提高到了 63.27%。从图6.16 可以看出，注入压力在注入聚合物溶液阶段迅速升高，并且在后续化学驱阶段出现波峰。而采出液含水率也从 98%降低至 80%以下。从图 6.17 可以看出，在聚合物溶液和后续化学驱阶段出现了两次注入剖面反转。这主要是由于聚合物溶液进入岩心后，占据水流通道，增大了波及面积，整体含水率降低。此外，由于聚合物溶液流通于主流通道中，而高渗管的主流通道大于低渗管，注入聚合物溶液优先进入高渗管，高渗管的分流率增大。在后续化学驱的过程中，由于聚合物溶液占据了高渗管和低渗管的主流通道，使得化学剂溶液转而流向未波及的区域。因此，高渗管的分流率持续升高。随着高渗管乳化的进行，乳状液再次大量的形成，贾敏效应引起的附加阻力使注入剖面开始发生反转。高渗管的分流率再次降低。总的来讲，在化学剂的优选方面，化学剂乳化稠油的能力对驱油效率以及注入剖面反转方面有非常大的影响。化学剂的乳化能力越强、乳状液的性能越好，剖面反转的能力越强。而在提高化学剂的乳化能力方面，有效的封堵优势水流通道可以很好地提高化学剂的波及面积，从而提高其驱油效率。

第7章 ▶ 结论与展望

7.1 结论

本文针对注水开发和注气开发过程中注入流体窜流治理的关键问题，对疏水缔合聚合物、聚合物微球、预交联凝胶颗粒以及 CO_2 泡沫调驱体系性能评价、调驱机理以及调驱效果展开理论和实验研究，旨在为读者提供不同调驱方法的优选方式。

（1）疏水缔合聚合物 IAM 具有明显优于 HPAM 的增黏性、良好的热稳定性、黏弹性和一定的界面活性，其水动力学特征尺寸在 $1 \sim 2 \mu m$；根据能够表征岩心驱替产出液黏度保留率随注入量变化关系的 Logic 曲线，引入吸附滞留系数和分子尺寸系数建立了 IAM 与储层的匹配模型；将注入量为 4PV 时的黏度保留率作为 IAM 溶液与储层匹配性的划分依据：黏度保留率低于 20% 时，匹配性为注入困难；黏度保留率大于 80% 时，匹配性为流动顺利；黏度保留率介于二者之间时，匹配性为流动困难；IAM 调驱适用于储层变异系数小于 0.76、中值渗透率小于 2000mD 的储层。

（2）聚合物微球 MG 呈规则的球状，吸水膨胀后粒径为 $8 \sim 50 \mu m$，膨胀倍数为 $2.76 \sim 4.01$，具有良好的分散性和再次分散性，MG-2 和 MG-3 的弹性模量分别为 23Pa 和 65Pa；MG 宏观运移模式包括 5 类：端面堵塞、局部运移强封堵、深部运移强封堵、深部运移弱封堵以及直接通过。当粒径为 $8.3 \mu m$ 时，最佳匹配系数范围为 $0.5 \sim 0.9$；当粒径为 $21.1 \mu m$ 时，最佳匹配系数范围为 $0.9 \sim 1.2$。基于颗粒与孔喉尺寸相对大小，以及 MG 良好的弹性变形能力，其微观封堵机制包括直接封堵、架桥封堵、排列封堵和多颗粒滞留封堵，封堵强度逐渐变弱。基于赫兹弹性接触理论建立了不同微观封堵机制下 MG 在多孔介质内的运移封堵模型，可计算不同匹配系数下 MG 的注入压力，预测结果与实验曲线平均误差为 8.4%，可指导 MG 与储层的双向匹配选择；MG 调驱适用于变异系数大于 0.76、中值渗透率在 2000mD 以上的储层。

（3）预交联凝胶颗粒 PPG 形状不规则，吸水膨胀后粒径可达 $500 \mu m$，膨胀倍数为 6.44 倍，其具有良好的分散性和再次分散性，但分散稳定性差。并联细管模型注入性实验结果显示 PPG 能够进入并有效封堵与自身粒径相近或略小于自身尺寸的喉道，当匹配系数在 1~1.7 时封堵效果最佳。PPG 可变形通过细管，同时发生一定的破碎现象。PPG 产生的附加渗流阻力由其与孔喉的匹配关系决定，而与注入速度无关；PPG 溶液调驱适用于中值渗透率在 10000mD 以上的储层。

（4）IAM 的微观提高采收率机制主要包括：①改善流度比、扩大波及体积；②剥离膜状残余油；③IAM 分子聚集并形成涡流动用水动力滞留的残余油；④乳化调驱作用。孔喉尺度微流控实验显示只有当 MG 粒径与喉道尺寸比小于 1.4 时，颗粒才能够顺利进入并封堵孔喉，该结果与岩心尺度的孔喉匹配系数结论一致。MG 的"聚能运移"模式、优先进入大孔喉、孔喉匹配封堵特征，能够有效促进液流转向；此外，MG 可以更充分分散连续的簇状剩余油，提高波及区域的动用效率，较聚合物多提高采收率 6.95%。

（5）将耐温聚表剂 FA 和纳米 SiO_2 作为泡沫稳定剂，与发泡剂 EBB 复配形成 EFS 泡沫体系。EFS 体系具有良好的老化稳定性，通过常温常压以及高温高压泡沫性能评价实验优选了 EFS 体系配方（质量分数）：0.2% EBB+0.3% FA+0.05% 纳米 SiO_2，从分子界面吸附的角度揭示了其协同作用机理。EFS 泡沫具有良好的注入性能和增阻性能，最佳气液比为 3：1，最佳注入速率为 0.4mL/min。油藏压力为 15MPa 时，CO_2 泡沫驱比 CO_2 驱可提高原油采收率 13.74%。同时，在减少 CO_2 注入量 15.23% 的前提下提高 CO_2 储存率 3.53%。CO_2 封存主要贡献来自滞留封存（贡献率大于 65%）。

7.2 展望

储层深部调驱是伴随着油气田开发全生命周期的必然开发措施，目前本书提到的调驱技术均已在矿场取得试验或推广应用的成功，但是受药剂体系、施工工艺以及机理认识的限制，深部调驱技术仍无法实现大范围应用，在此对深部调驱可行的发展方向进行简要展望。

（1）药剂体系。目前耐高温、高盐的疏水缔合聚合物、聚合物微球以及发泡剂体系均在室内合成并取得实验的成功，但是在复杂储层条件中的应用效果仍然受到限制。研制能够适应复杂储层条件、发挥室内预测机理的调驱体系是深部调驱发展的基础和核心。例如：研发同时耐高温和高盐的体系、能够真正实现靶向调驱的体系、能够兼具良好注入性和封堵性的体系等。

（2）施工工艺。目前疏水缔合聚合物的注入工艺主要沿用聚合物的注入工艺，但是在很多区块都没有配备完善的注入系统，限制了其应用。而弹性颗粒、CO_2泡沫驱替注入工艺则更加复杂，给生成成本带来挑战。同时，管线的防腐问题也是制约深部调驱技术应用的关键。

（3）机理认识。目前深部调驱技术的机理以及动用剩余油的研究主要停留在微观尺度，缺少能够和矿场相结合的指导性建议。认识储层的宏观剩余油分布规律并建立相应调驱体系的调驱机理是推动深部调驱技术发展的必由之路。

参 考 文 献

[1] CONTI J, HOLTBERG P, DIEFENDERFER J, et al. International energy outlook 2016 with projections to 2040[R]: USDOE Energy Information Administration (EIA), Washington, DC (United States)···, 2016.

[2] 俞启泰. 关于剩余油研究的探讨[J]. 石油勘探与开发, 1997, 24(2): 5.

[3] 叶仲斌. 提高采收率原理[M]. 提高采收率原理, 2007.

[4] 于翠玲, 林承焰. 储层非均质性研究进展[J]. 油气地质与采收率, 2007, (04): 15-8+22+111-2.

[5] 王德发, 陈建文, 李长山. 中国陆相储层表征与成藏型式[J]. 地学前缘, 2000, (04): 363-9.

[6] 陈欢庆, 王珏, 杜宜静. 储层非均质性研究方法进展[J]. 高校地质学报, 2017, 23(01): 104-16.

[7] 吴元燕, 吴胜和, 蔡正旗. 油矿地质学(第三版)[M]. 油矿地质学(第三版), 2005.

[8] PETTIJOHN F J. Sedimentary rocks[M]. Harper & Row New York, 1975.

[9] WEBER K. Influence of common sedimentary structures on fluid flow in reservoir models[J]. Journal of Petroleum Technology, 1982, 34(03): 665-72.

[10] WEBER K. How heterogeneity affects oil recovery[J]. Reservoir characterisation, 1986: 487-544.

[11] 裘亦楠. 油气储层评价技术[M]. 油气储层评价技术, 1997.

[12] 李伟才, 姚光庆, 周锋德, 等. 低渗透油藏不同流动单元并联水驱油[J]. 石油学报, 2011, 32(04): 658-63.

[13] 唐洪明, 文鑫, 张旭阳, 等. 层间非均质砾岩油藏水驱油模拟实验[J]. 西南石油大学学报(自然科学版), 2014, 36(05): 129-35.

[14] 谭新, 蒲万芬, 王宁, 等. 不同非均质砾岩油藏聚合物驱模拟实验[J]. 油气藏评价与开发, 2018, 8(04): 52-7.

[15] 李海波, 李永会, 姜瑜, 等. 多层砂砾岩油藏注烟道气提高采收率技术[J]. 断块油气田, 2020, 27(01): 104-8.

[16] 计秉玉, 袁庆峰. 垂向非均质油层周期注水力学机理研究[J]. 石油学报, 1993, (02): 74-80.

[17] WANG D, DONG H, LV C, et al. Review of Practical Experience by Polymer Flooding at Daqing[J]. SPE-114342-PA, 2009, 12(03): 470-6.

[18] 李宜强, 隋新光, 李洁, 等. 纵向非均质大型平面模型聚合物驱油波及系数室内实验研究[J]. 石油学报, 2005, (02): 77-9+84.

[19] ENGELBERTS W, KLINKENBERG L. Laboratory experiments on the displacement of oil by water from packs of granular material; proceedings of the 3rd World Petroleum Congress, F, 1951[C]. OnePetro.

[20] LEGAIT B, SOURIEAU P, COMBARNOUS M. Inertia, viscosity, and capillary forces during two-phase flow in a constricted capillary tube[J]. Journal of Colloid and Interface Science, 1983, 91(2): 400-11.

[21] VAN MEURS P. The use of transparent three-dimensional models for studying the mechanism of flow processes in oil reservoirs[J]. Transactions of the AIME, 1957, 210(01): 295-301.

[22] BLACKWELL R, RAYNE J, TERRY W. Factors influencing the efficiency of miscible displacement[J]. Transactions of the AIME, 1959, 217(01): 1-8.

[23] DE HAAN J. 25. Effect of Capillary Forces in the Water-Drive Process; proceedings of the 5th World Petroleum Congress, F, 1959[C]. OnePetro.

[24] DUMORE J. Stability considerations in downward miscible displacements[J]. SPE-5859-PA, 1964, 4(04): 356-62.

[25] LENORMAND R. Capillary and viscous fingering in an etched network; proceedings of the Physics of Finely Divided Matter: Proceedings of the Winter School, Les Houches, France, March 25-April 5, 1985, F, 1985[C]. Springer.

[26] LENORMAND R, TOUBOUL E, ZARCONE C. Numerical models and experiments on immiscible displacements in porous media[J]. Journal of fluid mechanics, 1988, 189: 165-87.

[27] NIEMEYER L, PIETRONERO L, WIESMANN H J. Fractal Dimension of Dielectric Breakdown [J]. Physrevlett, 1984, 52(12): 1033-6.

[28] WITTEN JR T A, SANDER L M. Diffusion-limited aggregation, a kinetic critical phenomenon [J]. Physical review letters, 1981, 47(19): 1400.

[29] GHESMAT K, AZAIEZ J. Viscous fingering instability in porous media: effect of anisotropic velocity-dependent dispersion tensor[J]. Transport in Porous Media, 2008, 73: 297-318.

[30] BOURKE P. Constrained diffusion-limited aggregation in 3 dimensions[J]. Computers & Graphics, 2006, 30(4): 646-9.

[31] MCNAMARA G R, ZANETTI G. Use of the Boltzmann equation to simulate lattice-gas automata [J]. Physical review letters, 1988, 61(20): 2332.

[32] KANG Q, ZHANG D, CHEN S. Immiscible displacement in a channel: simulations of fingering in two dimensions[J]. Advances in water resources, 2004, 27(1): 13-22.

[33] TSUJI T, JIANG F, CHRISTENSEN K T. Characterization of immiscible fluid displacement processes with various capillary numbers and viscosity ratios in 3D natural sandstone[J]. Advances in Water Resources, 2016, 95: 3-15.

[34] REGAIEG M, MCDOUGALL S R, BONDINO I, et al. Finger thickening during extra-heavy oil waterflooding: simulation and interpretation using pore-scale modelling[J]. PLoS One, 2017, 12(1): e0169727.

[35] ADEYEMI T S. Analytical Solution of Unsteady-state Forchheimer Flow Problem in an Infinite Reservoir: The Boltzmann Transform Approach[J]. Journal of Human, Earth, and Future,

2021, 2(3): 225-33.

[36] DOORWAR S, MOHANTY K K. Viscous-Fingering Function for Unstable Immiscible Flows [J]. SPE Journal, 2017, 22(01): 019-31.

[37] BALL T V, BALMFORTH N J, DUFRESNE A P. Viscoplastic fingers and fractures in a Hele-Shaw cell[J]. Journal of Non-Newtonian Fluid Mechanics, 2021, 289.

[38] ISLAM A, CHEVALIER S, SALEM I B, et al. Characterization of the crossover from capillary invasion to viscous fingering to fracturing during drainage in a vertical 2D porous medium [J]. International journal of multiphase flow, 2014, 58: 279-91.

[39] YADALI JAMALOEI B, BABOLMORAD R, KHARRAT R. Correlations of viscous fingering in heavy oil waterflooding[J]. Fuel, 2016, 179: 97-102.

[40] ZHAO B, MACMINN C W, JUANES R. Wettability control on multiphase flow in patterned microfluidics[J]. Proceedings of the National Academy of Sciences, 2016, 113(37): 10251-6.

[41] LIU Z, CHAI M, CHEN X, et al. Emulsification in a microfluidic flow-focusing device: Effect of the dispersed phase viscosity[J]. Fuel, 2021, 283: 119229.

[42] KRüGER P, MARKöTTER H, HAUßMANN J, et al. Synchrotron X-ray tomography for investigations of water distribution in polymer electrolyte membrane fuel cells[J]. Journal of Power Sources, 2011, 196(12): 5250-5.

[43] BLUNT M J, BIJELJIC B, DONG H, et al. Pore-scale imaging and modelling[J]. Advances in Water resources, 2013, 51: 197-216.

[44] KRUMMEL A T, DATTA S S, MüNSTER S, et al. Visualizing multiphase flow and trapped fluid configurations in a model three-dimensional porous medium[J]. AIChE Journal, 2013, 59(3): 1022-9.

[45] DATTA S S, DUPIN J-B, WEITZ D A. Fluid breakup during simultaneous two-phase flow through a three-dimensional porous medium[J]. Physics of Fluids, 2014, 26(6): 062004.

[46] PINILLA A, RAMIREZ L, ASUAJE M, et al. Modelling of 3D viscous fingering: Influence of the mesh on coreflood experiments[J]. Fuel, 2021, 287.

[47] SINGH K, JUNG M, BRINKMANN M, et al. Capillary-Dominated Fluid Displacement in Porous Media[J]. Annual Review of Fluid Mechanics, 2019, 51(1): 429-49.

[48] ZHENG X, MAHABADI N, YUN T S, et al. Effect of capillary and viscous force on CO_2 saturation and invasion pattern in the microfluidic chip[J]. Journal of Geophysical Research: Solid Earth, 2017, 122(3): 1634-47.

[49] ZHANG C, OOSTROM M, WIETSMA T W, et al. Influence of Viscous and Capillary Forces on Immiscible Fluid Displacement: Pore-Scale Experimental Study in a Water-Wet Micromodel Demonstrating Viscous and Capillary Fingering[J]. Energy & Fuels, 2011, 25(8): 3493-505.

[50] CHEN Y-F, FANG S, WU D-S, et al. Visualizing and quantifying the crossover from capillary fingering to viscous fingering in a rough fracture[J]. Water Resources Research, 2017, 53(9):

7756 72.

[51] ZAKIROV T R, KHRAMCHENKOV M G. Wettability effect on the invasion patterns during immiscible displacement in heterogeneous porous media under dynamic conditions: A numerical study[J]. Journal of Petroleum Science and Engineering, 2021, 206.

[52] LENORMAND R. Liquids in porous media[J]. Journal of Physics: Condensed Matter, 1990, 2 (S): SA79.

[53] CHEN X, LI Y, LIU Z, et al. Visualized investigation of the immiscible displacement: Influencing factors, improved method, and EOR effect[J]. Fuel, 2023, 331: 125841.

[54] CIEPLAK M, ROBBINS M O. Influence of contact angle on quasistatic fluid invasion of porous media[J]. Physical Review B, 1990, 41(16): 11508.

[55] TEMBELY M, ALAMERI W S, ALSUMAITI A M, et al. Pore-Scale Modeling of the Effect of Wettability on Two-Phase Flow Properties for Newtonian and Non-Newtonian Fluids[J]. Polymers (Basel), 2020, 12(12).

[56] JUNG M, BRINKMANN M, SEEMANN R, et al. Wettability controls slow immiscible displacement through local interfacial instabilities [J]. Physical Review Fluids, 2016, 1 (7): 074202.

[57] CIEPLAK M, ROBBINS M O. Dynamical transition in quasistatic fluid invasion in porous media [J]. Physical review letters, 1988, 60(20): 2042.

[58] STOKES J, WEITZ D, GOLLUB J P, et al. Interfacial stability of immiscible displacement in a porous medium[J]. Physical review letters, 1986, 57(14): 1718.

[59] CHRAIBI H, PRAT M, CHAPUIS O. Influence of contact angle on slow evaporation in two-dimensional porous media[J]. Physical Review E, 2009, 79(2): 026313.

[60] MOTEALLEH S, ASHOURIPASHAKI M, DICARLO D, et al. Mechanisms of capillary-controlled immiscible fluid flow in fractionally wet porous media[J]. Vadose Zone Journal, 2010, 9 (3): 610-23.

[61] AMIRI H A, HAMOUDA A A. Pore-scale modeling of non-isothermal two phase flow in 2D porous media: Influences of viscosity, capillarity, wettability and heterogeneity [J]. International Journal of Multiphase Flow, 2014, 61: 14-27.

[62] HU R, WAN J, YANG Z, et al. Wettability and flow rate impacts on immiscible displacement: A theoretical model[J]. Geophysical Research Letters, 2018, 45(7): 3077-86.

[63] ODIER C, LEVACHé B, SANTANACH-CARRERAS E, et al. Forced imbibition in porous media: A fourfold scenario[J]. Physical review letters, 2017, 119(20): 208005.

[64] VIZIKA O. Parametric experimental study of forced imbibition in porous media[J]. Physico Chemical Hydrodynamics, 1989, 11(2): 187-204.

[65] 白宝君, 李宇乡, 刘翔鹗. 国内外化学堵水调剖技术综述[J]. 断块油气田, 1998, (01): 1-4+17.

［66］白宝君，刘翔鹗，李宇乡.我国油田化学堵水调剖新进展［J］.石油钻采工艺，1998，
（03）：64-8+107.

［67］熊春明，唐孝芬.国内外堵水调剖技术最新进展及发展趋势［J］.石油勘探与开发，
2007，（01）：83-8.

［68］NEEDHAM R B，THRELKELD C B，GALL J W. Control Of Water Mobility Using Polymers
and Multivalent Cations；proceedings of the SPE Improved Oil Recovery Symposium，F，1974
［C］.

［69］白宝君，周佳，印鸣飞.聚丙烯酰胺类聚合物凝胶改善水驱波及技术现状及展望［J］.石
油勘探与开发，2015，42（04）：481-7.

［70］SERIGHT R S，ZHANG G，AKANNI O O，et al. A Comparison of Polymer Flooding With In-
Depth Profile Modification［J］. SPE-146087-PA，2012，51（5）：393-402.

［71］姜维东.Cr~（3+）聚合物凝胶性能特征及其应用效果研究［D］；大庆石油学院，2009.

［72］蒲万芬，周明，赵金洲，等.有机铬/活性酚醛树脂交联聚合物弱凝胶及其在濮城油田调
驱中的应用［J］.油田化学，2004，（03）：260-3.

［73］贾虎，蒲万芬.有机凝胶控水及堵水技术研究［J］.西南石油大学学报（自然科学版），
2013，35（06）：141-52.

［74］MORGAN J C，SMITH P L，STEVENS D G. Chemical adaptation and deployment strategies for
water and gas shut-off gel systems［J］. SPECIAL PUBLICATION - ROYAL SOCIETY OF
CHEMISTRY，1998.

［75］鞠野，刘丰钢，丁展，等.绥中36-1油田调驱体系控水增油效果对比研究［J］.中国石
油和化工标准与质量，2018，38（13）：155-6.

［76］SONG Z，LIU L，WEI M，et al. Effect of polymer on disproportionate permeability reduction to
gas and water for fractured shales［J］. Fuel，2015，143（mar.1）：28-37.

［77］ZHANG H，BAI B. Preformed-Particle-Gel Transport Through Open Fractures and Its Effect on
Water Flow［J］. SPE journal，2011.

［78］白宝君，刘伟，李良雄，等.影响预交联凝胶颗粒性能特点的内因分析［J］.石油勘探与
开发，2002，（02）：103-5.

［79］吴应川，白宝君，赵化廷，等.影响预交联凝胶颗粒性能的因素分析［J］.油气地质与采
收率，2005，（04）：55-7+86.

［80］唐孝芬，刘玉章，刘戈辉，等.预交联凝胶颗粒调剖剂性能评价方法［J］.石油钻采工
艺，2004，（04）：72-5+85.

［81］张歧安，徐先国，董维，等.延迟膨胀颗粒堵漏剂的研究与应用［J］.钻井液与完井液，
2006，（02）：21-4+85.

［82］白宝君.预交联凝胶颗粒深部调驱应用基础研究［D］；中国地质大学（北京），2003.

［83］LIU Y，BAI B，SHULER P J. Application and Development of Chemical-Based Conformance
Control Treatments in China Oilfields，F，2006［C］.

［84］ IMQAM A，BAI B，RAMADAN M A，et al. Preformed-Particle-Gel Extrusion Through Open Conduits During Conformance-Control Treatments［J］. SPE Journal，2014.

［85］ CHUANJIN，YAO，GUANGLUN，et al. Preparation and Characterization of Micron-Sized Elastic Microspheres as a Novel Profile Control and Flooding Agent；proceedings of the The 2012 International Conference on Advanced Material and Manufacturing Science（ICAMMS 2012），F.

［86］ CHUANJIN，YAO，GUANGLUN，et al. Pore-Scale Investigation of Micron-Size Polyacrylamide Elastic Microspheres（MPEMs）Transport and Retention in Saturated Porous Media［J］. Environmental Science & Technology，2014，48（9）.

［87］ BAI B，HUANG F，LIU Y，et al. Case Study on Prefromed Particle Gel for In-Depth Fluid Diversion［Z］. Society of Petroleum Engineers SPE Symposium on Improved Oil Recovery. Tulsa，Oklahoma，USA. 2008

［88］ BRYANT S L，BARTOSEK M，LOCKHART T P，et al. Polymer Gelants for High Temperature Water Shutoff Applications［J］. SPE Journal，1997，2（04）：447-54.

［89］ 张增丽，雷光伦，刘兆年，等. 聚合物微球调驱研究［J］. 新疆石油地质，2007，（06）：749-51.

［90］ 刘承杰，安俞蓉. 聚合物微球深部调剖技术研究及矿场实践［J］. 钻采工艺，2010，33（05）：62-4+139.

［91］ 黎晓茸，张营，贾玉琴，等. 聚合物微球调驱技术在长庆油田的应用［J］. 油田化学，2012，29（04）：419-22.

［92］ 金玉宝，卢祥国，谢坤，等. 聚合物微球油藏适应性评价方法及调驱机理研究［J］. 石油化工，2017，46（07）：925-33.

［93］ 庄建，张维，梁云，等. 多重介质聚合物微球调驱机理研究及应用［J］. 石油化工高等学校学报，2020，33（06）：49-55.

［94］ 刘東蔵，彭勃. 交联聚合物微球在深部调驱中的应用［J］. 油田化学，2022，39（01）：179-85.

［95］ COSTE J-P，LIU Y，BAI B，et al. In-Depth Fluid Diversion by Pre-Gelled Particles. Laboratory Study and Pilot Testing；proceedings of the SPE/DOE Improved Oil Recovery Symposium，F，2000［C］. SPE-59362-MS.

［96］ PRITCHETT J，FRAMPTON H，BRINKMAN J，et al. Field Application of a New In-Depth Waterflood Conformance Improvement Tool；proceedings of the SPE International Improved Oil Recovery Conference in Asia Pacific，F，2003［C］. SPE-84897-MS.

［97］ TANG，XUECHEN，YANG，et al. Preparation of a micron-size silica-reinforced polymer microsphere and evaluation of its properties as a plugging agent［J］. Colloids and Surfaces，A Physicochemical and Engineering Aspects，2018，547：8-18.

［98］ LI Y，CHEN X，LIU Z，et al. Effects of molecular structure of polymeric surfactant on its physico-chemical properties，percolation and enhanced oil recovery［J］. Journal of Industrial and

Engineering Chemistry, 2021, 101: 165-77.

[99] 张寿根, 王德强, 吴保国, 等. 疏水缔合聚合物调剖技术[J]. 油气田地面工程, 2006, (02): 11-2.

[100] 刘波, 褚奇, 闫书一, 等. 长6油层疏水缔合聚合物调剖体系研究[J]. 广州化工, 2010, 38(05): 129-31+49.

[101] 赖南君, 叶仲斌, 樊开赟, 等. 含油污泥疏水缔合聚合物调剖剂研究[J]. 油田化学, 2010, 27(01): 66-8.

[102] 谢坤. 疏水缔合聚合物渤海油藏适应性实验研究[D]; 东北石油大学, 2016.

[103] 徐新霞. 聚合物驱"吸液剖面反转"现象机理研究[J]. 特种油气藏, 2010, 17(02): 101-4+26.

[104] 卢祥国, 曹豹, 谢坤, 等. 非均质油藏聚合物驱提高采收率机理再认识[J]. 石油勘探与开发, 2021, 48(01): 148-55.

[105] 韩成林, 胡靖邦, 李彩虹, 张玉亮, 吴文祥. 不同聚合物组合段塞对驱油效率影响的物理模拟[J]. 大庆石油学院学报, 1994, (02): 33-8.

[106] 吴文祥, 侯吉瑞, 夏慧芬, 等. 不同分子量聚合物及其段塞组合对驱油效果的影响[J]. 油气采收率技术, 1996, (04): 8-13+3.

[107] 朱焱, 高文彬, 李瑞升, 等. 变流度聚合物驱提高采收率作用规律及应用效果[J]. 石油学报, 2018, 39(02): 189-200+46.

[108] 刘文梅, 袁勇, 李传武. 濮城油田复合型多段塞深部调剖技术[J]. 石油钻探技术, 2003, (06): 56-8.

[109] 张燕, 宋吉水, 唐金星, 等. 聚合物微凝胶组合驱油效果实验研究[J]. 石油与天然气化工, 2005, (03): 203-7+147.

[110] 王克亮, 丁玉敬, 闫义田, 等. 三元复合调剖剂驱油效果物理模拟实验[J]. 大庆石油学院学报, 2005, (01): 30-2+6-119.

[111] 唐善法, 赖燕玲, 朱洲, 等. 组合驱提高原油采收率实验研究[J]. 钻采工艺, 2006, (06): 47-9+143-4.

[112] 李方涛, 王健, 杨中建. 青海尕斯油田复合调驱技术室内研究[J]. 精细石油化工进展, 2008, 9(05): 12-4+9.

[113] 张继红, 董欣, 叶银珠, 等. 聚合物驱后凝胶与表面活性剂交替注入驱油效果[J]. 大庆石油学院学报, 2010, 34(02): 85-8+129.

[114] SAEZ M, PAPONI H M, CABRERA F A, et al. Improving Volumetric Efficiency in an Unconsolidated Sandstone Reservoir With Sequential Injection of Polymer Gels[J]. Society of Petroleum Engineers, 2012.

[115] ALHURAISHAWY A K, SUN X, BAI B, et al. Improve Plugging Efficiency in Fractured Sandstone Reservoirs by Mixing Different Preformed Particles Gel Size; proceedings of the Spe Kingdom of Saudi Arabia Technical Symposium & Exhibition, F, 2017[C].

[116] 曹伟佳, 卢祥国, 闫冬, 等. 海上油田深部调剖组合方式实验优选[J]. 中国海上油气, 2018, 30(05): 103-8.

[117] 赵春森, 沈忱. 非均相驱最优段塞组合方式室内实验研究[J]. 当代化工, 2019, 48 (12): 2766-8+816.

[118] 魏学刚. 多段塞化学堵水优化设计及软件开发[D]; 西安石油大学, 2021.

[119] 吴文祥, 张涛, 胡锦强. 高浓度聚合物注入时机及段塞组合对驱油效果的影响[J]. 油田化学, 2005, (04): 332-5.

[120] LIU Z, LI Y, CHEN X, et al. The Optimal Initiation Timing of Surfactant-Polymer Flooding in a Waterflooded Conglomerate Reservoir[J]. SPE Journal, 2021: 1-14.

[121] 吴文祥, 邹积瑞, 唐佳斌, 等. 聚合物段塞交替注入参数优化研究[J]. 科学技术与工程, 2013, 13(26): 7807-11.

[122] 王宏申, 魏俊, 张志军, 等. 组合调驱提高采收率技术实验研究[J]. 复杂油气藏, 2021, 14(02): 80-4.

[123] 王楠, 刘义刚, 夏欢, 等. "凝胶/微球" 调剖调驱注入参数及组合方式优化[J]. 油田化学, 2022, 39(01): 51-8.

[124] 张凤久. 海上稠油油藏早期注聚最佳时机的确定[J]. 中国海上油气, 2018, 30(03): 89-94.

[125] 朱诗杰, 施雷庭, 张健, 等. 相渗曲线判断聚合物驱转注聚时机的应用方法[J]. 油气藏评价与开发, 2020, 10(02): 128-34.

[126] SERIGHT R S, LIANG J. A Comparison of Different Types of Blocking Agents; proceedings of the SPE European Formation Damage Conference, F, 1995[C].

[127] 赵福麟, 张贵才, 孙铭勤, 解通成, 王凤桐. 粘土双液法调剖剂封堵地层大孔道的研究 [J]. 石油学报, 1994, (01): 56-65.

[128] 王涛, 肖建洪, 孙焕泉, 等. 聚合物微球的粒径影响因素及封堵特性[J]. 油气地质与采收率, 2006, (04): 80-2+110-1.

[129] BAI B, LIU Y, COSTE J P, et al. Preformed Particle Gel for Conformance Control: Transport Mechanism Through Porous Media; proceedings of the SPE/DOE Symposium on Improved Oil Recovery, F, 2004[C].

[130] YAO C, LEI G, LI L, et al. Selectivity of Pore-Scale Elastic Microspheres as a Novel Profile Control and Oil Displacement Agent[J]. Energy & Fuels, 2012, 26(8): 5092 - 101.

[131] LIN M, ZHANG G, HUA Z, et al. Conformation and plugging properties of crosslinked polymer microspheres for profile control[J]. Colloids and Surfaces A: Physicochemical and Engineering Aspects, 2015.

[132] DAI C, LIU Y, ZOU C, et al. Investigation on matching relationship between dispersed particle gel (DPG) and reservoir pore-throats for in-depth profile control[J]. Fuel, 2017, 207: 109-20.

[133] IMQAM A, WANG Z, BAI B. Preformed-Particle-Gel Transport Through Heterogeneous Void-Space Conduits[J]. SPE Journal, 2017.

[134] ZHAO S, PU W, WEI B, et al. A comprehensive investigation of polymer microspheres (PMs) migration in porous media: EOR implication[J]. Fuel, 2019, 215 (JAN. 1): 249-58.

[135] WANG Z, BAI B, SUN X, et al. Effect of multiple factors on preformed particle gel placement, dehydration, and plugging performance in partially open fractures[J]. Fuel, 2019, 251: 73-81.

[136] LIU Y-F, ZOU C-W, LOU X-G, et al. Experimental investigation on migration and retention mechanisms of elastic gel particles (EGPs) in pore-throats using multidimensional visualized models[J]. Petroleum Science, 2022, 19(5): 2374-86.

[137] DɑBROWSKI W. Consequences of the mass balance simplification in modelling deep filtration [J]. Water Research, 1988, 22(10): 1219-27.

[138] PAYATAKES A C, TIEN C, TURIAN R M. A new model for granular porous media: Part I. Model formulation[J]. AIChE Journal, 1973, 19(1): 58-67.

[139] RAJAGOPALAN R, TIEN C. The theory of deep bed filtration[J]. in Progress in Filtration and Separation (Elsevier, Amsterdam, 1979), 1979, 1: 179-269.

[140] YOU Z, BEDRIKOVETSKY P, BADALYAN A, et al. Particle mobilization in porous media: Temperature effects on competing electrostatic and drag forces[J]. Geophysical Research Letters, 2015, 42(8): 2852-60.

[141] POLYAKOV Y S, ZYDNEY A L. Ultrafiltration membrane performance: Effects of pore blockage/constriction[J]. Journal of Membrane Science, 2013, 434: 106-20.

[142] SHARMA M, YORTSOS Y. Fines migration in porous media[J]. AIChE Journal, 1987, 33 (10): 1654-62.

[143] SHARMA M, YORTSOS Y. Transport of particulate suspensions in porous media: model formulation[J]. AIChE Journal, 1987, 33(10): 1636-43.

[144] SHARMA M M, YORTSOS Y. A network model for deep bed filtration processes[J]. AIChE Journal, 1987, 33(10): 1644-53.

[145] CHENG T, HOU J, YANG Y, et al. Study on the Plugging Performance of Bilayer-Coating Microspheres for In-Depth Conformance Control: Experimental Study and Mathematical Modeling[J]. Industrial & Engineering Chemistry Research, 2019, 58(16): 6796-810.

[146] AL-ABDUWANI F A H. Internal filtration and external filter cake build-up in sandstones [J]. civil engineering & geosciences, 2005.

[147] BRADFORD S A, SIMUNEK J, BETTAHAR M, et al. Modeling colloid attachment, straining, and exclusion in saturated porous media[J]. Environmental science & technology, 2003, 37(10): 2242-50.

［148］ TUFENKJI N, ELIMELECH M. Deviation from the classical colloid filtration theory in the presence of repulsive DLVO interactions［J］. Langmuir, 2004, 20(25)：10818-28.

［149］ ARAúJO J A, SANTOS A. Analytic Model for DBF Under Multiple Particle Retention Mechanisms［J］. Transport in Porous Media, 2013, 97(2)：135-45.

［150］ HERZIG J, LECLERC D, GOFF P L. Flow of suspensions through porous media—application to deep filtration［J］. Industrial & Engineering Chemistry, 1970, 62(5)：8-35.

［151］ BEDRIKOVETSKY P, YOU Z, BADALYAN A, et al. Analytical model for straining-dominant large-retention depth filtration［J］. Chem Eng J, 2017, 330：1148-59.

［152］ GUEDES R G, AL-ABDUWANI F A, BEDRIKOVETSKY P, et al. Deep-bed filtration under multiple particle-capture mechanisms［J］. SPE Journal, 2009, 14(03)：477-87.

［153］ NISHAD S, AL-RAOUSH R I. Colloid retention and mobilization mechanisms under different physicochemical conditions in porous media: A micromodel study［J］. Powder Technology, 2021, 377：163-73.

［154］ SANTOS A, BEDRIKOVETSKY P, FONTOURA S. Analytical micro model for size exclusion: Pore blocking and permeability reduction［J］. Journal of Membrane Science, 2008, 308(1-2)：115-27.

［155］ ZHOU K, HOU J, SUN Q, et al. An efficient LBM-DEM simulation method for suspensions of deformable preformed particle gels［J］. Chemical Engineering Science, 2017, 167：288-96.

［156］ YU L, DING B, DONG M, et al. A new model of emulsion flow in porous media for conformance control［J］. Fuel, 2019：241.

［157］ GOZALPOUR F, REN S, TOHODO B. CO_2 EOR and storage in oil reservoir［J］. Oil & gas science and technology, 2005, 60(3)：537-546.

［158］ ETTEHADTAVAKOL A, LAKE L, BRYANT S. CO_2-EOR and storage design optimization ［J］. International Journal of Greenhouse Gas Control, 2014, 25：79-92.

［159］ HILL B, LI X, WEI N. CO_2-EOR in China: A comparative review［J］. International Journal of Greenhouse Gas Control, 2020, 103：103173.

［160］ YANG Z, SUN Q, DENG H, et al. Multi-scenario modeling and estimating of carbon intensity in China's CO_2-EOR oilfields［J］. Petroleum Science Bulletin, 2023, 8 (02)：247-258.

［161］ HOSHOUDY A N, DESOUKY S. CO_2 miscible flooding for enhanced oil recovery［J］. Carbon capture, utilization and sequestration, 2018, 79.

［162］ ZHANG N, YIN M, WEI M, et al. Identification of CO_2 sequestration opportunities: CO_2 miscible flooding guidelines［J］. Fuel, 2019, 241, 459-467.

［163］ ZHOU X, YUAN Q, PENG X, et al., A critical review of the CO_2 huff 'n' puff process for enhanced heavy oil recovery［J］. Fuel, 2018, 215：813-824.

[164] CHIQUET P, BROSETA D, THIBEAU S. Wettability alteration of caprock minerals by carbon dioxide[J]. Geofluids, 2007, 7(2): 112-122.

[165] LI H, ZHENG S, YANG D. Enhanced swelling effect and viscosity reduction of solvent (s)/CO_2/heavy-oil systems[J]. SPE Journal, 2013, 18(04): 695-707.

[166] XING W, SONG Y, ZHANG Y, et al. Research progress of the interfacial tension in super-critical CO_2-water/oil system[J]. Energy Procedia, 2013, 37: 6928-6935.

[167] PRASAD S K, SANGWAI J S, BYUN H S. A review of the supercritical CO_2 fluid applications for improved oil and gas production and associated carbon storage [J]. Journal of CO_2 Utilization, 2023, 72: 102479.

[168] BAYATI D, SAEEDI A, MYERS M, et al. Insights into immiscible supercritical CO_2 EOR: An XCT scanner assisted flow behaviour in layered sandstone porous media[J]. Journal of CO_2 Utilization, 2019, 32: 187-195.

[169] KUMAR N, SAMPAIO M A, OJHA K, et al. Fundamental aspects, mechanisms and emerging possibilities of CO_2 miscible flooding in enhanced oil recovery: A review[J]. Fuel, 2022, 330: 125633.

[170] MENHALI A S, KREVOR S. Capillary trapping of CO_2 in oil reservoirs: Observations in a mixed-wet carbonate rock [J]. Environmental science & technology, 2016, 50(5): 2727-2734.

[171] BACHU S. Review of CO_2 storage efficiency in deep saline aquifers[J]. International Journal of Greenhouse Gas Control, 2015, 40: 188-202.

[172] KREVOR S, BLUNT M J, BENSON S M, et al. Capillary trapping for geologic carbon dioxide storage-From pore scale physics to field scale implications[J]. International Journal of Greenhouse Gas Control, 2015, 40: 221-237.

[173] AMPOMAH W, BALCH R, CATHER M, et al. Evaluation of CO_2 storage mechanisms in CO_2 enhanced oil recovery sites: application to morrow sandstone reservoir[J]. Energy & Fuels, 2016, 30(10): 8545-8555.

[174] DE P N K, RANJITH P. A study of methodologies for CO_2 storage capacity estimation of saline aquifers[J]. Fuel, 2012, 93: 13-27.

[175] SHEN P, LIAO X, LIU Q. Methodology for estimation of CO_2 storage capacity in reservoirs [J]. Petroleum Exploration and Development, 2009, 36(2): 216-220.

[176] AJOMA E, SUNGKACHART T, SAIRA, et al. A laboratory study of coinjection of water and CO_2 to improve oil recovery and CO_2 storage: Effect of fraction of CO_2 injected[J]. SPE Journal, 2021, 26(04): 2139-2147.

[177] PINI R, KREVOR S. Laboratory studies to understand the controls on flow and transport for CO_2 storage[M]. In Science of carbon storage in deep saline formations, Elsevier: 2019; pp 145-180.

［178］GHEDAN S. Global laboratory experience of CO_2 -EOR flooding［C］. SPE/EAGE reservoir characterization & simulation conference，European Association of Geoscientists & Engineers：2009.

［179］BELLO A，IVANOVA A，CHEREMISIN A. A Comprehensive Review of the Role of CO_2 Foam EOR in the Reduction of Carbon Footprint in the Petroleum Industry［J］. Energies，2023，16（3）：1167.

［180］NIU B，MENHALI A，KREVOR S C. The impact of reservoir conditions on the residual trapping of carbon dioxide in B erea sandstone［J］. Water Resources Research，2015，51（4）：2009-2029.

［181］BACHU S，BONINOLY D，BRADSHAW J，et al. CO_2 storage capacity estimation：Methodology and gaps［J］. International journal of greenhouse gas control，2007，1（4）：430-443.

［182］KOPP A，CLASS H，HELMIG R. Investigations on CO_2 storage capacity in saline aquifers-Part 2：Estimation of storage capacity coefficients［J］. International Journal of Greenhouse Gas Control，2009，3（3）：277-287.

［183］LALE L W，JOHNS R，ROSSEN B，et al. Fundamentals of enhanced oil recovery［M］. Society of Petroleum Engineers Richardson，TX：2014；Vol. 1.

［184］CHEN X，LI Y，LIU Z，et al. Visualized investigation of the immiscible displacement：Influencing factors，improved method，and EOR effect［J］. Fuel，2023，331：125841.

［185］CHRISTENSEN J R，STENBY E H，SKAUGE A. Review of WAG field experience［J］. SPE Reservoir Evaluation & Engineering，2001，4（02）：97-106.

［186］WANG H，KOU Z，JI Z，et al. Investigation of enhanced CO_2 storage in deep saline aquifers by WAG and brine extraction in the Minnelusa sandstone，Wyoming［J］. Energy，2023，265：126379.

［187］TALEBIAN S H，MASOUDI R，TAN I M，et al. Foam assisted CO_2 -EOR：A review of concept，challenges，and future prospects［J］. Journal of Petroleum Science and Engineering，2014，120：202-215.

［188］SONG T，ZHAI Z，LIU J，et al. Laboratory evaluation of a novel Self-healable polymer gel for CO_2 leakage remediation during CO_2 storage and CO_2 flooding［J］. Chemical Engineering Journal，2022，444：136635.

［189］MASSARWEH O，ABUSHAIKHA A S. A review of recent developments in CO_2 mobility control in enhanced oil recovery［J］. Petroleum，2022，8（3）：291-317.

［190］ALOCORN Z P，FREDRIKSEN S B，SHARMA M，et al. An integrated carbon-dioxide-foam enhanced-oil-recovery pilot program with combined carbon capture，utilization，and storage in an onshore Texas heterogeneous carbonate field［J］. SPE Reservoir Evaluation & Engineering，2019，22（04）：1449-1466.

［191］TELMADARREIE A，TRIVEDI J J. CO_2 foam and CO_2 polymer enhanced foam for heavy oil recovery and CO_2 storage[J]. Energies, 2020, 13(21): 5735.

[192] ROGNMO A U, FREDRIKSEN S B, ALCORN Z P, et al. Pore-to-core EOR upscaling for CO_2 foam for CCUS. SPE Journal, 2019, 24(06): 2793-2803.

[193] FALLS A, MUSTERS J, RATULOWSKI J. The apparent viscosity of foams in homogeneous bead packs[J]. SPE Reservoir Engineering, 1989, 4(02): 155-164.

[194] SUN L, BAI B, WEI B, et al. Recent advances of surfactant-stabilized N_2/CO_2 foams in enhanced oil recovery[J]. Fuel, 2019, 241: 83-93.

[195] WANG Y, ZHANG Y, LIU Y, et al. The stability study of CO_2 foams at high pressure and high temperature[J]. Journal of Petroleum Science and Engineering, 2017, 154: 234-243.

[196] LIU Y, GRIGG R B, SVEC R K. CO_2 foam behavior: influence of temperature, pressure, and concentration of surfactant[C]. SPE Production Operations Symposium, 2005.

[197] LIU Y, RUI Z, YANG T, et al. Using propanol as an additive to CO_2 for improving CO_2 utilization and storage in oil reservoirs[J]. Applied Energy, 2022, 311: 118640.

[198] 徐超. 原油乳状液转相特性研究[D]. 东营: 中国石油大学(华东), 2010.

[199] 崔桂胜. 稠油乳化降粘方法与机理研究[D]. 中国石油大学, 2009.

[200] 路宏, 赵甲递, 陈晶华. 稠油水包油型乳状液的黏度和稳定性变化规律[J]. 油气储运, 2016, 35(03): 278-284.

[201] DEGRAND L, MICHON C, BOSC V. New insights into the study of the destabilization of oil-in-water emulsions with dextran sulfate provided by the use of light scattering methods[J]. Food Hydrocolloids, 2016, 52, 848-856.

[202] KANG W, XU B, WANG Y, et al. Stability mechanism of W/O crude oil emulsion stabilized by polymer and surfactant[J]. Colloids & Surfaces A, 2011, 384(1-3): 555-560.

[203] YANG H, KANG W, YU Y, et al. A New approach to evaluate the particle growth and sedimentation of dispersed polymer microsphere profile control system based on multiple light scattering[J]. Powder Technology, 2017, 315, 477-485.

[204] 韩冬, 沈平平. 表面活性剂驱油原理及应用[M]. 北京: 石油工业出版社, 2001: 159-208.

[205] HAO J, YUAN Z, LIU W, et al. Aggregate transition from nanodisks to equilibrium among vesicles and disks[J]. Journal of Physical Chemistry B, 2004, 108(50): 19163-19168.

[206] TAH B, PAL P, MAHATO M, et al. Aggregation behavior of SDS/CTAB catanionic surfactant mixture in aqueous solution and at the air/water interface[J]. Journal of Physical Chemistry B, 2011, 115(26): 8493-9.

[207] LI Z, KANG WL, BAI BJ, et al. Fabrication and mechanism study of the fast spontaneous emulsification of crude oil with anionic/cationic surfactants as an enhanced oil recovery (EOR) method for low-permeability reservoirs[J]. Energy Fuels 2019, 33, 8279-8288.

[208] MARIANNA P, KIRILL V, VALERY G, et al. Effect of composition and interfacial tension

on the rheology and morphology of heavy oil-in-water emulsions[J]. ACS Omega 2020, 5, 16460-16469.

[209] PAL R. Shear viscosity behavior of emulsions of two immiscible liquids[J]. Colloid Interface Science, 2000, 255(04): 359-366.

[210] ZHANG J, XU J. Rheological behavior of oil and water emulsions and their flow characterization in horizontal pipes[J]. The Canadian Journal of Chemical Engineering. 2016, 94, 324-331.

[211] LIU Z, LI Y, LUAN H, et al. Pore scale and macroscopic visual displacement of oil-in-water emulsions for enhanced oil recovery. Chemical Engineering Science. 2019, 197, 404-414.

[212] MCCLEMENTS D. Colloidal basis of emulsion color[J]. Current Opinion in Colloid & Interface Science, 2002, 7, 451-455.

[213] DICKINSON E. Hydrocolloids at interfaces and the influence on the properties of dispersed systems[J]. Food Hydrocolloids, 2003, 17, 25-39.

[214] DAVID Julian Mcclements. Critical review of techniques and methodologies for characterization of emulsion stability [J]. Critical Reviews in Food Science and Nutrition, 2007, 47: 7, 611-649.

[215] CHEN S, ABDULKAREEM M, WANG J, et al. A Polycyclic-aromatic hydrocarbon-based water-soluble formulation for heavy oil viscosity reduction and oil displacement[J]. Energy Fuels, 2023, 37, 11864-11880.

[216] SUN X, ZENG H, TANG T, et al. Effect of salinity on water/oil interface with model asphaltene and non-ionic surfactant: Insights from molecular simulations [J]. Fuel, 2023, 339, 126944.

[217] DONG M, MA S, LIU Q. Enhanced heavy oil recovery through interfacial instability: a study of chemical flooding for Brintnell heavy oil[J]. Fuel, 2009, 88: 1049-56.

[218] MOHAMMED K, SAGHEER A. Effects of emulsification factors on the characteristics of crude oil emulsions stabilized by chemical and Biosurfactants: A review [J]. Fuel, 2024, 361, 130604.

[219] IGOR N, YAROSLAV O, ALEKSANDR P. Morphological transformations of native petroleum emulsions. I. Viscosity studies[J]. Langmuir, 2008, 24, 7124-7131.

[220] SHI S, WANG Y, LIU Y, et al. A new method for calculating the viscosity of W/O and O/W emulsion[J]. Journal of Petroleum Science and Engineering. 2018, 171, 928-937.

[221] MEOR M, ABDUL Ld, AFIQAH T, et al. A review of demulsification technique and mechanism for emulsion liquid membrane applications[J]. Journal of Dispersion Science and Technology, 2022, 43: 6, 910-927,

[222] AHMAD A, KUSUMASTUTI A, DEREK C, et al. Emulsion liquid membrane for heavy metal removal: An overview on emulsion stabilization and destabilization[J]. Chemical Engineering Journal, 2011, 171, 870-882.

［223］JOHANNES K, J∈ORN V, MATTHIAS K. Drop coalescence in technical liquid/liquid applications: A review on experimental techniques and modeling approaches［J］. Reviews in Chemical Engineering, 2017, 33, 1-47.

［224］TAYLOR P. Ostwald ripening in emulsions［J］. Advances in Colloid and Interface Science. 1998, 75, 107-163.

［225］PETSEV D. Chapter 8 Theory of emulsion flocculation［J］. Interface Science and Technology. 2004, 4, 1-38.

［226］PAWIGNYA H, KUSWORO T, PRAMUDONO B. Kinetic modeling of flocculation and coalescence in the system emulsion of water-xylene-terbutyl oleyl glycosides［J］. Bulletin of Chemical Reaction Engineering & Catalysis, 2019, 14, 60-68.

［227］NG Y, JAYAKUMAR N, HASHIM. Performance evaluation of organic emulsion liquid membrane on phenol removal［J］. Journal of Hazardous Materials, 2010, 184, 255-260.

［228］KUSUMASTUTI A, SYAMWIL R, ANIS S. Emulsion liquid membrane for textile dye removal: Stability study［C］. AIP Conference Proceedings, 2017, 1818, 20026.

［229］CHEN G, TAO D. An experimental study of stability of oil-water emulsion［J］. Fuel Processing Technology, 2005, 86, 499-508.

［230］WOLFGANG Ostwald. II. Ueber kolloides H_2O［J］, Zeitschrift für Chemie und Industrie der Kolloide, 1910, 6, 183-191 (103) (1910) 7.

［231］POWELL K, DAMITZ R, CHAUHAN A. 2017. Relating emulsion stability to interfacial properties for pharmaceutical emulsions stabilized by Pluronic F68 surfactant［J］. International Journal of Pharmaceutics, 2017, 521 (1): 8-18.

［232］LIU J, ZHONG L, HAO T, et al. A collaborative emulsification system capable of forming stable small droplets of oil-in-water emulsions for enhancing heavy oil recovery［J］. Journal of Molecular Liquids, 2022, 355, 118970.

［233］CHRISTELLE T, GIOVANNI B, GÉRARD M, et al. Predicting the long-term stability of depletion-flocculated emulsions by static multiple light scattering (SMLS), Journal of Dispersion Science and Technology, 2020, 41, 5, 648-655.

［234］LIU J, LIU S, ZHONG L, et al. Ultra-low interfacial tension anionic/cationic surfactants system with excellent emulsification ability for enhanced oil recovery［J］. Journal of Molecular Liquids, 2023, 382, 121989.

［235］WANG R, PU W, DANG S, et al. Synthesis and characterization of a graft-modified copolymer for enhanced oil recovery ［J］. Journal of Petroleum Science and Engineering, 2020, 184: 106473.

［236］MEHRABIANFAR P, BAHRAMINEJAD H, MANSHAD A K. An introductory investigation of a polymeric surfactant from a new natural source in chemical enhanced oil recovery (CEOR) ［J］. Journal of Petroleum Science and Engineering, 2021, 198: 108172.

[237] PAL N, BABU K, MANDAL A. Surface tension, dynamic light scattering and rheological studies of a new polymeric surfactant for application in enhanced oil recovery [J]. Journal of Petroleum Science and Engineering, 2016, 146: 591-600.

[238] AZAD M S, TRIVEDI J J. Quantification of the viscoelastic effects during polymer flooding: a critical review [J]. SPE Journal, 2019, 24(06): 2731-57.

[239] LACIK I, SELB J, CANDAU F. Compositional heterogeneity effects in hydrophobically associating water-soluble polymers prepared by micellar copolymerization [J]. Polymer, 1995, 36 (16): 3197-211.

[240] DINTWA E, TIJSKENS E, RAMON H. On the accuracy of the Hertz model to describe the normal contact of soft elastic spheres [J]. Granular Matter, 2008, 10(3): 209-21.

[241] ZHUPANSKA O. Contact problem for elastic spheres: applicability of the Hertz theory to non-small contact areas [J]. International Journal of Engineering Science, 2011, 49 (7): 576-88.

[242] LIU J, LIU S, ZHANG W, et al. Influence of emulsification characteristics on the pressure dynamics during chemical flooding for oil recovery [J]. Energy Fuel, 2023, 37 (6), 4308-4319.

[243] WANG H, WEI B, SUN Z, et al. Microfluidic study of heavy oil emulsification on solid surface[J]. Chemical Engineering Science, 2021, 246(1): 117009.

[244] LIU J, L ZHONG, T HAO, et al. Pore-scale dynamic behavior and displacement mechanisms of surfactant flooding for heavy oil recovery [J]. Journal of Molecular Liquids, 2022, 349, 118207.

[245] LI R, LU Y, ZHANG Z, et al. Role of surfactants based on fatty acid in wetting behavior of solid-oil-aqueous solution systems[J]. Langmuir, 2021, 37(18): 5682-5690.

[246] LIU J, LIU S, ZHONG L, et al. Study on the emulsification characteristics of heavy oil during chemical flooding[J]. Physics of Fluids, 2023, 35, 053330.

[247] HWAILI, SOO, CLAYTON, et al. Flow mechanism of dilute, stable emulsions in porous media[J]. Industrial & Engineering Chemistry Research, 1984, 23(3): 342-347.

[248] YU L, DONG M, DING B, et al. Experimental study on the effect of interfacial tension on the conformance control of oil-in-water emulsions in heterogeneous oil sands reservoirs[J]. Chemical Engineering Science, 2018, 189, 165-178. https://doi.org/10.1016/j.ces.2018.05.033.

[249] XU JH, DONG PF, ZHAO H, et al. The dynamic effects of surfactants on droplet formation in coaxial microfluidic devices[J]. Langmuir, 2012, 28(25): 9250-9258.

[250] MCAULIFFE, CLAYTON D. Oil-in-water emulsions and their flow properties in porous media [J]. Journal of Petroleum Technology, 1973, 25 (06): 727-733. https://doi.org/10.2118/4369-PA

[251] QIANG L, DONG M, MA S, et al. Surfactant enhanced alkaline flooding for Western